CAD
für Bauingenieure

Von Prof. Dr.-Ing. Martin Trautwein

Fachhochschule Lippe, Abteilung Detmold

B. G. Teubner Stuttgart 1990

CIP-Titelaufnahme der Deutschen Bibliothek

Trautwein, Martin:
CAD für Bauingenieure / von Martin Trautwein. – Stuttgart :
Teubner, 1990
  ISBN 978-3-519-05243-2   ISBN 978-3-322-92793-4 (eBook)
  DOI 10.1007/978-3-322-92793-4

Das Werk einschließlich aller seiner Teile ist urheberrechtlich geschützt.
Jede Verwertung außerhalb der engen Grenzen des Urheberrechtsgesetzes
ist ohne Zustimmung des Verlages unzulässig und strafbar. Das gilt beson-
ders für Vervielfältigungen, Übersetzungen, Mikroverfilmungen und die
Einspeicherung und Verarbeitung in elektronischen Systemen.
© B. G. Teubner Stuttgart 1990

Umschlaggestaltung: P. Pfitz, Stuttgart

Vorwort

Noch vor wenigen Jahren war computergestütztes Zeichnen und Konstruieren im Bauwesen nur für Großunternehmen vorstellbar. Die CAD-Systeme waren in der Anschaffung sehr teuer und nur mit großen Rechenanlagen einsetzbar.

Die stürmische Entwicklung auf dem Gebiet der Rechnertechnik und die Fortschritte der Wissenschaft des Software-Engineering haben in den letzten Jahren zu rapide sinkenden Preisen für Microcomputer und zu einem nahezu unüberschaubaren Angebot qualitativ hochwertiger Software geführt. Auf der Basis von Microcomputern sind heute leistungsfähige CAD-Systeme zu Preisen auf dem Markt, welche die Schwelle des wirtschaftlichen Einsatzes vom Großunternehmen bis hin zum Kleinstbüro verschieben.

Entwurf und Konstruktion mit Unterstützung des Computers verändern Arbeitstechniken wie auch Organisationsstrukturen in den Büros und Firmen. Das vorliegende Buch geht auf beide Bereiche ein.

Es gibt in konzentrierter Form eine Einführung in die Arbeitstechniken des computergestützten Zeichnens und geht auch auf dessen Einfluß auf die Arbeitsorganisation ein. Das Buch wendet sich zunächst an den Bauingenieur, der mit dem Einsatz von CAD noch keine praktischen Erfahrungen gemacht hat. Als Anleitung für das Selbststudium wie auch als Lehrbuch dient es dem, der sich in die Verfahren des CAD einarbeiten möchte.

Für den Bauingenieur, der sich in verantwortlicher Position über Arbeitsabläufe, über Möglichkeiten und Grenzen des wirtschaftlichen Einsatzes informieren will, ist der zweite Teil des Buches gedacht, der sich mit den Voraussetzungen für einen wirtschaftlichen CAD-Einsatz befaßt. Ein Schwerpunkt wurde auf die Einbindung von CAD in die Arbeitsabläufe des Entwerfens gelegt.

Zum Erlernen der Arbeitstechnik des computergestützten Entwurfes sind alle CAD-Verfahren dieses Buches mit Beispielen an Hand des weit verbreiteten CAD-Systems AutoCAD erläutert.

Lemgo, im Herbst 1989   Martin Trautwein

Inhalt

1. Einführung

1.1.Was ist CAD - Begriffe und Definitionen

CAD als Abkürzung für das englische **C**omputer **A**ided **D**esign, was sich mit
"computergestützter Entwurf" oder "computergestützte Konstruktion" übersetzen läßt, ist heute ein viel gebrauchter Begriff im Bereich der Datenverarbeitung. Ein Blick in die Fachliteratur oder ein Messebesuch zeigt, daß er für
viele verschiedenartige Anwendungen gebraucht wird. So ist CAD ein Sam-
melbegriff für die verschiedensten Aktivitäten, bei denen die elektronische
Datenverarbeitung direkt oder indirekt für Konstruktions- und Entwurfstätig-
keiten eingesetzt wird. Zünächst fand **C**omputer **A**ided **D**esign Anwendung
im Maschinen- und Anlagenbau, in Elektronik und Elektrotechnik. In der ar-
beitsteilig strukturierten Bauwirtschaft, in der Planung und Bauausführung
selten in denselben Händen liegen, findet CAD erst allmählich eine größere
Verbreitung.

Schon seit geraumer Zeit setzen Bauingenieure den Computer zur Unterstützung ihrer Konstruktionsarbeit ein, dies ist keine Entwicklung der letzten
Jahre. Computer haben sich in Statikbüros und Konstruktionsabteilungen
längst etabliert und sind Stand der Technik geworden. An der Spitze der eingesetzten Programme stehen dabei die Textverarbeitung und Ausschrei-
bungsprogramme, Programme für konventionelle statische Berechnungen
und für die Hochbaubemessung; diese nehmen den Menschen die zeitaufwendigen und schematisierten Rechenaufgaben ab, sie "unterstützen die
Konstruktionsarbeit".

Bisher blieb der Teilbereich des Entwerfens von der Computerunterstützung
weitgehend ausgespart. Lediglich in großen Ingenieurbüros wird heute die
Datenverarbeitung in größerem Maßstab auch für den Entwurf eingesetzt.
Der Grund für die bis heute nur geringe Verbreitung des CAD im Bauwesen
ist wohl vor allem in den erforderlichen hohen Investitionen zu sehen. Diese
sind wohl eher von großen Büros mit entsprechender Kapitalstärke und entsprechender Auslastung der teuren Systeme zu leisten.

Die Entwicklung der Elektronik hat in den letzten Jahren zu erheblicher Leistungssteigerung der Rechnertechnik bei gleichzeitigem drastischen Rückgang der Preise geführt. Wie eine Umfrage zeigt [1], sind von den heute eingesetzten CAD-Programmen 89 % auf sogenannten "Personal Computern" installiert, die im Vergleich zu den größeren und leistungsfähigeren Workstations oder Großrechnern relativ preisgünstig sind.

Derartige Systeme sind schon bei geringerer Auslastung wirtschaftlichen einzusetzen und damit auch für mittlere und kleine Ingenieurbüros interessant.

Nach der oben zitierten Umfrage sind die vorherrschenden Zielvorstellungen nicht, wie bei der Einführung neuer Technologien immer vermutet, Personalabbau und Kosteneinsparung. An erster Stelle stehen vielmehr Faktoren, die sich unter dem Oberbegriff "Bestandssicherung" zusammenfassen lassen. Die Umstellung des Entwurfsbereichs auf computergestützte Methoden ist demnach mehr eine Reaktion auf sich ändernde Marktbedingungen, wie steigende Komplexität der Arbeiten, erhöhter Änderungsaufwand und erhöhter Termindruck. Als die wichtigsten Ziele, welche mit der Einsatz des Computers für den Entwurf verfolgt werden sind zu nennen:

- Verkürzung der Bearbeitungszeiten
- Steigerung der Konkurrenzfähigkeit
- Abnahme der Routinetätigkeiten
- Verbesserung der Entwurfsqualität
- Fehlerminderung

In der augenblicklichen Phase der Einführung von CAD ist es von entscheidender Bedeutung, Informationen bereitzustellen und Erfahrungen zu vermitteln, um falsche Vorstellungen von den Möglichkeiten des Computereinsatzes auszuräumen und die Gefahren von Fehlplanungen und -investitionen zu mindern.

Dieses Buch geht zunächst auf die Techniken des computergestützten Entwurfs, wie auch auf die veränderten Arbeitsabläufe ein. Es wendet sich zunächst an den Bauingenieur, der mit dem Einsatz von CAD noch keine prak-

---

1)Abel 1989

tischen Erfahrungen gemacht hat und sich - in Selbststudium oder unter Anleitung - in die Verfahren des CAD einarbeiten möchte.

Für den Bauingenieur, der sich in verantwortlicher Position über Arbeitsabläufe, über Möglichkeiten und Grenzen des wirtschaftlichen Einsatzes informieren will, sind die Kapitel zur Wirtschaftlichkeit, über spezielle Arbeitstechniken und zu den CAD-Anwendungen gedacht.

1.1.1.Planen, Konstruieren, Entwerfen

So einfach der Begriff CAD zu übersetzen ist, so schwierig wird die Definition des Vorganges die vom Computer unterstützt werden soll. Was ist Entwerfen, was heißt Konstruieren?. J. S. Gero [2], der sich mit künstlicher Intelligenz und Entwurf beschäftigt, hält das Entwerfen für die wichtigste - allerdings auch für die am wenigsten verstandene - Tätigkeit des Ingenieurs. Grundlegende Definitionen des Entwerfens sind in der Literatur selten. Akkermann [3] definiert:

> "Entwerfen ist das Umsetzen bestimmter Raumbedürfnisse in Zeichnungen für bauliche Gebilde. Entwerfen ist der Prozeß, in dem die komplexen Planungsinhalte in ein gemeinsames Resultat zusammengeführt werden, das als Entwurf bezeichnet wird. In einem Entwurf sind alle geordneten und umgesetzten Fakten erfaßt".

Die wörtliche Übersetzung von Konstruieren (lat. construere) ist zusammenschichten, zusammensetzen, aus einzelnen Teilen ein Ganzes machen.

> Die Konstruktion eines Bauwerks umfaßt demnach alle Tätigkeiten von der Ideenfindung und Grundlagenermittlung über den Entwurf des strukturellen Aufbaus und die Tragwerksplanung bis hin zum Ausarbeiten baureifer Unterlagen.

Die Planung ist nach Ackermann wie folgt definiert:

---

2)Gero 1988

3)Ackermann 1983

"Planen bedeutet das überlegte, rational analytische Vorbereiten einer Maßnahme, um durch Synthese ein bestimmtes Ziel mit angemessenem Aufwand zu erreichen. Um ein gesetztes Ziel zu erreichen, ist eine zeitliche Abfolge und Koordination erforderlich. Die gedanklich getroffenen Festlegungen werden anderen zugänglich gemacht. Die Planung wird in einer allgemein verbindlichen Art dokumentiert."

Bei den Dimensionen der Bauwerke verbietet sich ein Konstruieren im Maßstab 1:1 am Bauwerk selbst. Planen heißt, sich und anderen ein Modell des geplanten Vorhabens erstellen, an dem sich in kleinerem Maßstab und weitgehend folgenlos die interessierenden Sachverhalte untersuchen lassen.

Allgemein bekannt ist der Architekturentwurf, der als Zeichnung und als Modell Baukörper und Räume in ihrer Funktion und ästhetischen Wirkung darstellt. Modelle in verkleinertem Maßstab kennt auch der Wasserbau. Ein ganz anderes, mathematisches Modell macht sich der Statiker von einem Gebäude, er untersucht die Kraftverläufe im Tragwerk des Gebäudes und dimensioniert dieses. Mathematisch ist auch das Modell des Verkehrsplaners vom Verkehrsfluß in einem Straßennetz.

In all diesen mathematisch orientierten Modellen der Wirklichkeit bietet sich die Benutzung des Computers zur Unterstützung bei Planung und Konstruktion an. Computer Aided Design meint jedoch mehr als nur Hilfe beim Rechnen, es bedeutet auch Hilfe beim Zeichnen. Ein CAD-System modelliert die Geometrie eines Bauwerks als ein digital gespeichertes rechnerinternes Modell und stellt es in einer für den Menschen verständlicher Form auf dem Bildschirm des Rechners dar.

1.1.2. CAD zwei- oder dreidimensional

Ein wesentliches Kriterium für die Auswahl eines CAD-Systems ist die Frage, ob ein zwei- oder dreidimensionales Modell verwendet werden soll. Die Entscheidung für eines der Modelle beeinflußt nicht nur die künftige Arbeitstechnik, sondern auch ganz wesentlich die Anschaffungskosten und damit die Wirtschaftlichkeit des computergestützten Entwurfs. Bauwerke sind dreidimensionale Gebilde, für ihren Entwurf benötigt man demnach wohl auch ein CAD-System, welches dreidimensional arbeitet. Auf der anderen Seite sind die Produkte des Ingenieurs - die Pläne - zweidimensional, alle eingeübten Arbeitstechniken der Ingenieure sind auf ein zweidimensionales Arbeiten abgestimmt.

Hier sollen zunächst einmal die verschiedenen rechnerinternen Modelle dargestellt und auf ihre Eignung für den Bauingenieur untersucht werden. Man unterscheidet im allgemeinen folgende Modelle:

- 2D,
- 2 1/2 D,
- 3D Kantenmodelle,
- 3D Flächenmodelle,
- 3D Volumenmodelle.

Zweidimensionale Modelle

Zweidimensional arbeitende CAD-Systeme befinden sich schon sehr lange auf dem Markt. Sie beschränken die rechnerinterne Darstellung auf zwei der drei Raumkoordinaten. Sie bieten je nach Leistungsumfang alle erforderlichen Hilfsmittel zur rechnergestützten Zeichnungserstellung und unterstüt-

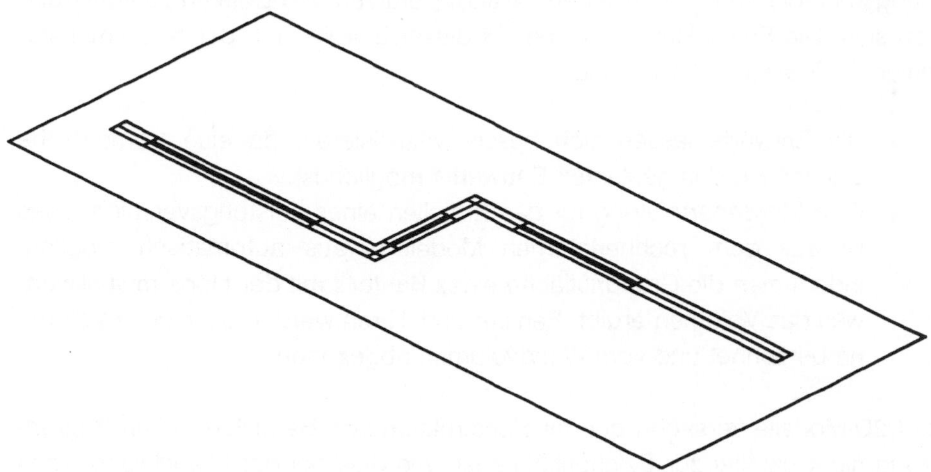

Bild 1.1: 2D - Modell eines Gebäudeteils

zen damit die rein zeichnerische Arbeit - sie automatisieren die Zeichenmaschine. Da sie keinerlei Informationen über die dritte Dimension speichern,
muß man allerdings jede Ansicht und jeden Schnitt neu konstruieren. Die
zweidimensionalen Systeme arbeiten völlig getrennt von anderen EDV-An-
wendungen im Bauwesen, wie Massenermittlung, Erstellen von Leistungsver-
zeichnissen oder bauphysikalischen Berechnungen. Sie verursachen zwar
die geringsten Anschaffungskosten, bieten aber weder die Möglichkeiten der
Rationalisierung der Entwurfsarbeit, noch den erwünschten Datenfluß zu wei-
terverarbeitenden Programmen wie beispielsweise für die Ausschreibung.
Auf Grund des geringen Leistungsumfanges ist es daher sehr fraglich, ob
trotz des relativ geringen Kaufpreises ein Einsatz dieser Systeme wirtschaftlich sinnvoll ist.

2 1/2D- Systeme wurden geschaffen, um die oben genannten Nachteile des
zweidimensionalen Rechnermodells zu vermeiden und dabei dem Konstrukteur die gewohnte Arbeitsweise zu erhalten. Konstruiert wird bei diesen Modellen weiterhin zweidimensional im Grundriß. Man kann den Zeichnungsob-
jekten jedoch zusätzlich Objekthöhen zuweisen. Einfache Systeme erfordern
einen manuellen Eingriff zur Eingabe der Höhen, besser geeignet für den
Bauingenieur sind Systeme, bei denen Wand- und Brüstungshöhen automatisch mitgeführt werden. Besonders einfach ist diese Arbeitsweise im Woh-
nungsbau, bei dem ja vorwiegend Wände, Stützen und Decken zu konstruieren sind. Die Entwickler verfolgten mit dieser Erweiterung der zweidimensionalen CAD-Systeme zwei Ziele:

- Die Entwürfe lassen sich besser visualisieren, da eine isometrische
  Darstellung des geplanten Bauwerks möglich ist.
- Eine Massenermittlung für das Erstellen eines Leistungsverzeichnisses
  ist aus dem rechnerinternen Modell heraus automatisch möglich,
  indem man die Grundrißfläche eines Bauteils mit der Höhe multipliziert,
  was das Volumen ergibt. Fenster und Türen werden als eigene Volumina berechnet und vom Wandvolumen abgezogen.

2 1/2D-Modelle versagen bei der Konstruktion von Bauteilen, deren Begren-
zung nicht parallel zur Zeichenfläche ist, wie dies bei der Giebelwand eines
Satteldachhauses der Fall ist.

Dreidimensionale Modelle

3D-Systeme hatten und haben auch heute noch den Nachteil, daß die rech-
nerinternen Modelle sehr aufwendig an Speicherbedarf und Rechenzeit sind.
Sie verlangen leistungsfähigere Rechner als 2D-Modelle,wenn die Antwortzei-
ten des Rechners auf eine Eingabe nicht unvertretbar lange werden sollen.
Mit einem dreidimensionanl arbeitenden CAD-System entwerfen Sie keinen
Grundriß mehr, Sie entwerfen ein dreidimensionales Modell des geplanten
Bauwerks. Die benötigten Zeichnungen (Grundrisse, Schnitte, Ansichten,
Perspektiven gewinnen Sie aus dem dreidimensionalen Modell durch Schnit-
te, die Sie vom Computer in geeigneter Lage durch das Modell führen
lassen.

3D-Kantenmodell

Das kantenorientierte 3D-Modell beschreibt dreidimensionale Modelle durch
ihre Kanten und die Schnittpunkte ihrer Kanten. Dieses Verfahren entspricht
weitgehend dem manuellen Skizzieren. Diese Beschreibung eines dreidimensionalen Modells ist im Rechner relativ einfach zu realisieren, in ihrer Anwen-

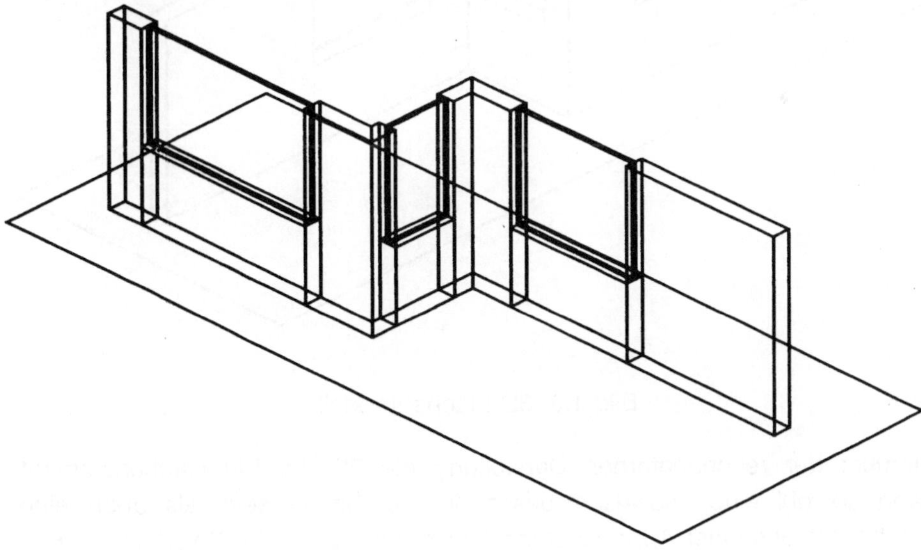

Bild 1.2: 3D-Kantenmodell

dung aber auf Bauteile begrenzt, die durch ebene Flächen begrenzt sind. Da im Rechner keine Informationen über Flächen und Volumina vorliegen, können zwar dreidimensionale Objekte modelliert und dargestellt werden, weiterführende Arbeitsschritte, wie Massenermittlung lassen sich aus einem Kantenmodell jedoch nicht ableiten. Schnitte durch ein 3D-Kantenmodell sind zwar prinzipiell möglich, doch liefert der Schnitt einer Kante nur einen Punkt in der Schnittebene, alle Schnitte müssen manuell nachgearbeitet werden, indem man die Schnittkanten nachzieht.

3D-Flächenmodell

Das Flächenmodell bildet in Verbindung mit dem Kantenmodell die Grundlage vieler auf dem Markt angebotene CAD-Systeme. Es kennt als zusätzliches

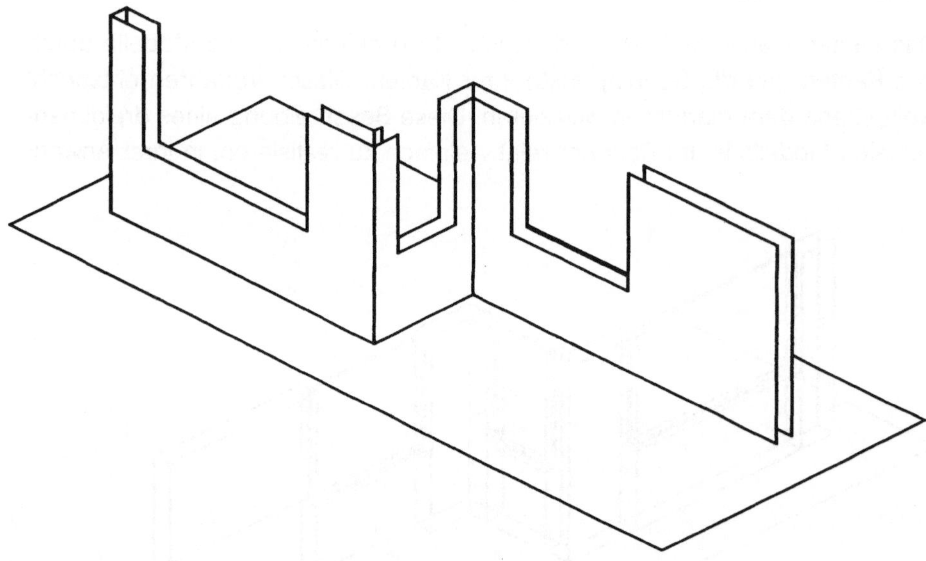

Bild 1.3: 3D-Flächenmodell

Element der rechnerinternen Darstellung die Fläche. Ein Flächenelement kann sowohl eine analytisch beschreibbare Fläche sein, als auch eine Fläche, die aus einer Approximation entstanden ist. In der Regel ist ein Flächenelement jedoch ein ebenes Vieleck, das von Kanten begrenzt wird. Die Flächen werden auf dem Bildschirm durch ihre Konturen abgebildet.

Bei der Generierung von Schnitten werden in einem Flächenmodell die Schnittlinien der geschnittenen Flächen automatisch erzeugt.

3D-Volumenmodell

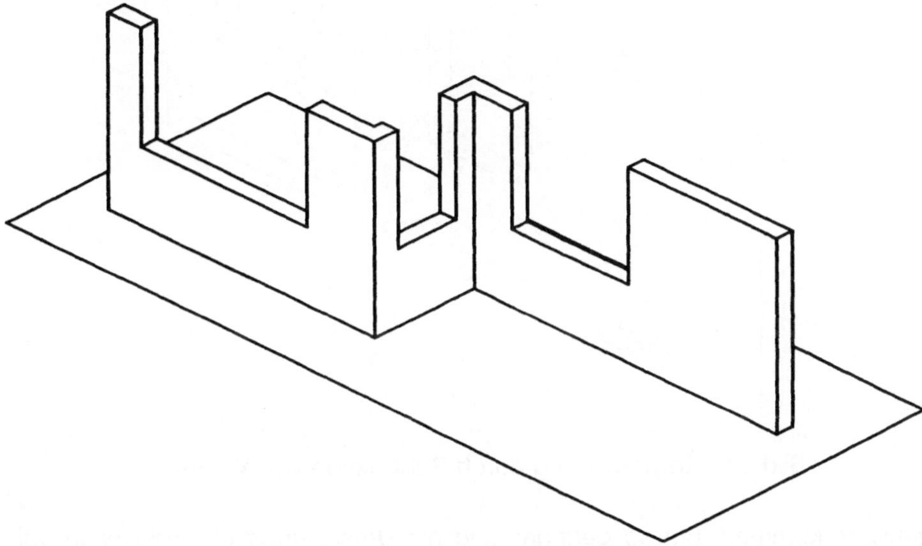

Bild 1.4: 3D-Volumenmodell

Die Beschreibung von Bauteilen durch Volumen ist das eindeutigste Verfahren, es ist allerdings auch das Aufwendigste. Da die Rechnerleistungen in den letzten Jahren erheblich gestiegen sind, konnte die Zahl der Anwendungen von Volumenmodellen zunehmen. Ein Volumenmodell beschreibt einen Baukörper durch die Teilkörper, aus denen er aufgebaut ist. Zum Aufbauen lassen sich auf die Einzelkörper die Boolschen Operatoren Addition, Subtraktion und Durchschnitt anwenden.

1.1.3.Welches Modell ist das geeignete?

Die Erzeugungsmethoden für das dreidimensionale Konstruieren müssen sich an dem geometrischen und konstruktiven Vorstellungsvermögen des Konstrukteurs orientieren. Je näher sie der gewohnten Arbeitsweise des In-

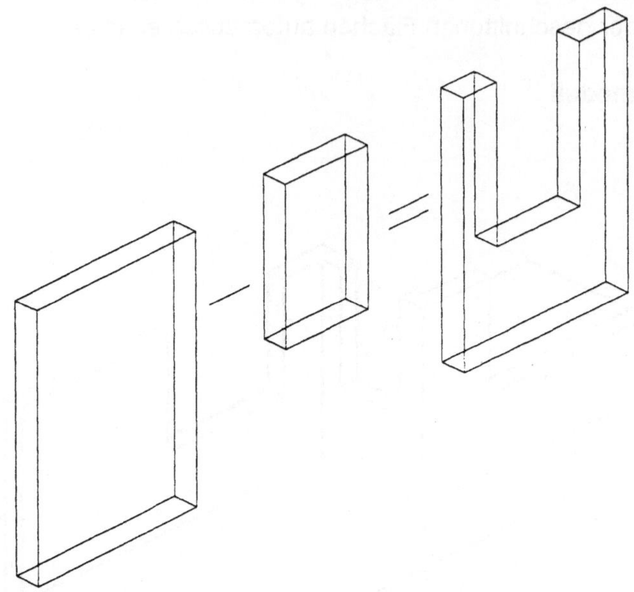

Bild 1.5: Körperbildung durch Subtraktion von Volumen

genieurs kommen, um so geringer sind die Umstellungsschwierigkeiten auf das neue Verfahren und um so höher ist die Produktivität.

Je nach Arbeitsweise und Vorstellungsvermögen wird ein Konstrukteur entweder

- dreidimensional denken und seine Vorstellung in zweidimensionalen Schnitten ausdrücken, oder
- zweidimensional denken und aus Ansichten und Schnitten ein dreidimensionales Modell des geplanten Bauwerks ableiten.

Im Arbeitsbereich des Bauingenieurs überwiegt im allgemeinen das zweidimensionale Denken. Unabhängig von der rechnerinternen Darstellung muß ein CAD-System dem Ingenieur das gewohnte Arbeiten in Grundriß und Ansichten möglich machen. Die zusätzlichen Informationen, welche ein dreidimensionales Modell benötigt, sollten so erfaßt werden, daß das gewohnte Arbeitsschema möglichst erhalten bleibt.

Die Entwurfsaufgaben in den verschiedenen Tätigkeitsbereichen des Bauingenieurs sind so unterschiedlich, daß es das ideale CAD-System für den Bauingenieur nicht geben kann. Wird beim Bewehrungsentwurf beispielsweise nur gelegentlich die Bewehrung an einem kritischen Punkt im Schnitt dargestellt und sonst fast ausschließlich in zwei Dimensionen gearbeitet, ist ein 2D oder 2 1/2 D-Modell sicherlich ausreichend, wenn es - und das ist für den Benutzer viel wesentlicher - eine leicht zu bedienende Eingabe- und Änderungsmöglichkeit für den Konstrukteur besitzt und in der Lage ist, normgerechte Stahlauszüge und Stahllisten zu erzeugen. In den Bereichen in denen die dritte Dimension beim Entwerfen nicht zu vernachlässigen ist, sind die Anforderungen so unterschiedlich - ob Sie ein räumliches Stahlfachwerk konstruieren oder eine Straße im Gelände trassieren - , daß auch ein universelles dreidimensionales System, selbst wenn man die Kostenfrage vernachlässigt, eine Wunschvorstellung bleibt.

1.1.4. Spezial- oder Universalprogramm?

Neben der Unterscheidung nach der rechnerinternen Modellierung der Bauteilgeometrie spielt noch eine zweite Differenzierung nach dem Grad der Spezialisierung eine Rolle. So wird allgemein nach folgenden Kriterien unterschieden:

- Allgemeine CAD-Programme sind nicht auf eine Branche ausgerichtet und erheben den Anspruch, in verschiedenen Anwendungsbereichen gleich gut einsetzbar zu sein.
- Allgemeine CAD-Programme werden oft durch branchenspezifische Module erweitert, beispielsweise mit einem Stahlbaumodul oder einem Bewehrungsmodul. Man spricht dann in unserem Bereich von allgemeinen CAD-Programmen mit bauspezifischer Anpassung.
- Programme, die eigens für die Bauwirtschaft oder Teilbereiche der Bauwirtschaft entwickelt wurden, um die besonderen Anforderungen des Bauingenieurs zu erfüllen.

Findet sich auf dem Sotftware-Markt ein Programm des dritten Typs, welches genau auf Ihre Anforderungen zugeschnitten ist, ist es sicherlich in die engste Wahl zu ziehen, vor allem dann, wenn Sie sicher sind, mit ihm das gesamte Spektrum der von Ihnen zu erstellenden Entwürfe bearbeiten zu können. Da dieser Typ von CAD-Programmen meist sehr komplex und leistungsfähig ist, sind hier eventuell erforderliche Anpassungen nur sehr schwierig zu realisieren.

Programme des zweiten Typs bieten meist die Möglichkeit, relativ einfach eigene Anpassungen für bürospezifische Probleme selbst vorzunehmen. Die in diesem Buch besprochene Technik der Zeichnungs- und Kommandomakros bieten den Schlüssel hierfür. Werden in einem Konstruktionsbüro Entwürfe in verschiedenen Fachgebieten erstellt, kann mit verschiedenen Zusätzen zu ein und demselben Grundprogramm die so wichtige einheitliche Benutzeroberfläche und Datenschnittstelle erreicht werden.

Der erste vorgestellte Programmtyp verfügt in der Regel nicht über die Makros, welche ein wirtschaftliches Konstruieren ermöglichen. er kann nur dort sinnvoll einzusetzen sein, wo viele verschiedene Fachgebiete bearbeitet werden müssen und das Wissen über die Programmierung des Systems vorhanden ist.

1.2. Wirtschaftliche Betrachtungen zum CAD-Einsatz

Die Frage nach der Wirtschaftlichkeit eines CAD-Systems in einem Ingenieurbüro bereitet selbst den Experten auf dem Gebiet der CAD-Anwendung noch einige Schwierigkeiten. Dies liegt einerseits an fehlenden langjährigen praktischen Erfahrungen, andererseits auch daran, daß die Organisationstruktur der Ingenieurbüros sehr unterschiedlich ist. Wenn im Folgenden ein exemplarisches Beispiel dargestellt wird, so sollen mit ihm die einzelnen Faktoren, welche die Wirtschaftlichkeit beeinflussen, deutlich werden. Dem Leser soll damit eine Möglichkeit an die Hand gegeben werden, die Wirtschaftlichkeit des CAD-Einsatzes für seinen Anwendungsfall einzuschätzen.

Anschaffungskosten:

Schon die Anschaffungskosten variieren stark, je nach Ansprüchen des Benutzers an Qualität und Leistungsfähigkeit der Anlage. Das folgende Beispiel vermittelt eine Vorstellung von den erforderlichen Geräten und den Preisen.

Rechner:
Computer 80386 25 MHz, Festplatte 110 MB   16 000,00 DM
Koprozessor 25 MHz   1 100,00 DM

Streamer 150 MB	2 200,00 DM
Schnittstellenkarte seriell/parallel	200,00 DM
Kabel und Stecker	150,00 DM
Grafisches Subsystem:	
Monitor 20 Zoll 1024*1280 Punkte	7 000,00 DM
Grafikkarte dazu	4000,00 DM
Eingabegeräte:	
Digitalisiertablett A3	2 500,00 DM
Maus	250,00 DM
Ausgabegeräte:	
Matrixdrucker	1 800,00 DM
Plotter DIN A 0	25 000,00 DM
Tusche- und Faserspitzen	500,00 DM
Papier (Anfangsausstattung)	400,00 DM
CAD-Software	15 000,00 DM
Schulung	2 500,00 DM
CAD-Arbeitsplatz	12 000,00 DM
Summe	90 600,00 DM

Bei höheren Anforderungen an die Hard-und Software liegen die Anschaffungskosten ca. 50 % höher. Geringere Anschaffungskosten sind durch Verzicht auf Arbeitsgeschwindigkeit und Arbeitskomfort durchaus erreichbar.

Jährliche Kosten

Die oben beschriebene CAD-Anlage verursacht folgende jährliche Kosten:

Abschreibung (linear über 5 Jahre)	
90600,00 / 5	18 120,00 DM
Kalkulatorische Zinsen (5 % p.a.)	4 800,00 DM
Wartungskosten	
Hard- und Software (8 % des Systempreises)	6 016,00 DM

Betriebskosten
Papier, Disketten, Strom, Literatur)   2 000,00 DM

Summe   30 936,00 DM

Einsatzzeit

Der Anteil der Entwurfsarbeiten, die sich mit CAD-Systemen bearbeiten
lassen, schwankt in den verschiedenen Leistungsphasen nach der HOAI[5] erheblich. Er liegt zwischen 20 % in der Leistungsphase 1 und 80 % in den
Phasen 3 bis 5. Ein Mittelwert über die gesamten Leistungsphasen dürfte bei
etwa 50 % liegen. Ein überwiegend im Entwurfsbereich tätiger Ingenieur
würde demnach die Anlage 70% seiner Arbeitszeit nutzen.

Geht man von folgenden Ansätzen aus:

Personalkosten   100 000,00 DM/a,
Anteil Entwurfsarbeiten   70 %

so ist der Grenzpunkt des wirtschaftlichen CAD-Einsatzes bei einer Zeitersparnis von 45 % gegenüber dem manuellen Entwurf erreicht. Die Berichte
aus der Einsatzpraxis zeigen, daß dieser Wert nur zu erreichen ist, wenn besonders günstige Voraussetzungen vorliegen oder geschaffen werden.
Diese Voraussetzungen sind dann gegeben, wenn sich in einem Büro Entwürfe wiederholen, die einander so ähnlich sind, daß sie durch Abwandeln
statt durch Neuzeichnen erstellt werden können, wie dies beispielsweise im
Fertigteilbau der Fall ist. Diese günstigen Voraussetzungen können auch
dadurch geschaffen werden, daß man die Entwurfsarbeit so organisiert, daß
ein durchgehender Datenfluß von der Datenerfassung aus der Vermessung
bis zur Datenausgabe der Massen oder der Ausschreibungsunterlagen ohne
manuelle Eingaben realisiert wird. Das CAD-System integriert dann die verschiedenen Funktionen, die alle auf den CAD-Daten aufbauen.

Faktoren für die Wirtschaftlichkeit

Diese Rechnung soll nur eine Vorstellung von den Größenordnungen geben,
sie läßt sich weiter detaillieren und um weitere Parameter ergänzen. An

---
5)Rusam 1984

dieser Stelle wurde die Wirtschaftlichkeitsbetrachtung deshalb so einfach gehalten, weil sich eine gewisse Faktoren ohne Kenntnis der Voraussetzungen des einzelnen Betriebs nur schätzten läßt:

- Wie hoch werden die Stundenkosten des Bedieners angesetzt? Erfolgt die Bedienung der Anlage durch einen technischen Zeichner für mehrere Ingenieure oder entwerfen die Ingenieure selbst an der CAD-Anlage?
- Wieviel Prozent der Arbeitszeit entfällt auf die Zeichnungsbearbeitung?
- Wie groß ist die durch CAD erreichbare Zeitersparnis?
- Wie werden die nicht in DM zu bewertenden Vorteile des rechnergestützten Entwurfs eingeschätzt?

2. Hardware für CAD-Anwendungen

Beschäftigt man sich mit rechnergestützter Konstruktion, so muß man nicht unbedingt wissen, wie der Rechner, mit dessen Hilfe konstruiert werden soll, aufgebaut ist und im Einzelnen funktioniert, doch kann man ohne gewisse Grundkenntnisse über den Rechner und die an ihn angeschlossenen Geräte weder das CAD-System effektiv bedienen, noch bei der Anschaffung eines Systems eigenständig die passende Gerätekombination finden. Das folgende Kapitel soll Ihnen in knapper Form die wichtigsten Grundlagen über die Rechner für CAD und die nötigen Zusatzgeräte - die sogenannte "Hardware" vermitteln.

2.1.Computer

2.1.1.Prinzipielle Struktur

Ein Microcomputersystem, wie es für unsere Anwendungen geeignet ist, besteht aus folgenden Grundelementen:

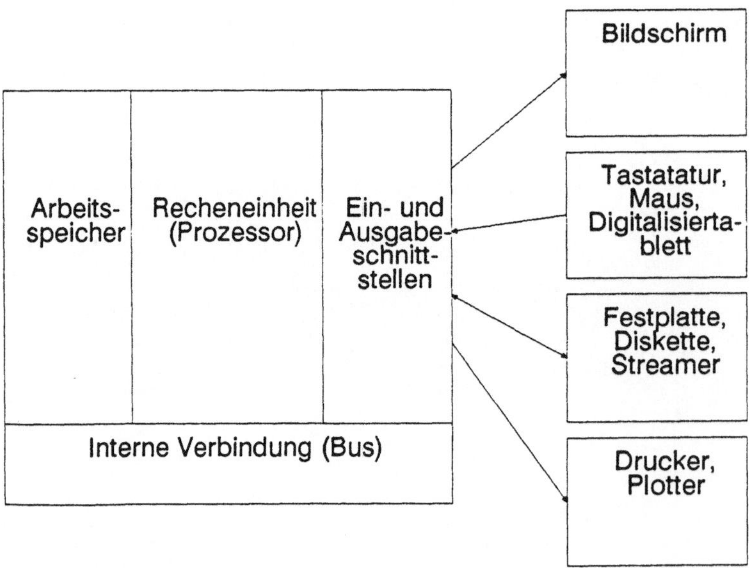

Bild 2.1: Prinzipieller Aufbau eines Rechners

- Die **Zentraleinheit**, Prozessor genannt, erfüllt zwei Aufgaben: Sie kontrolliert den Programmablauf im Rechner und führt die arithmetischen und logischen Operationen aus, die zur Ausführung eines Programms erforderlich sind. Für rechenintensive Anwendungen, wie beispielsweise CAD kann sie in ihren Aufgaben durch einen arithmetischen Koprozessor unterstützt werden,

- der **Arbeitsspeicher** enthält die aktuell für die Ausführung des Programmes benötigten Daten,

- die **Schnittstellen** für die Ein- und Ausgabe steuern den Datentransfer zwischen Peripheriegeräten und Rechner

- Die **Peripheriegeräte** für Ein-und Ausgabe dienen der Kommunikation zwischen Rechnersystem und Benutzer.

2.1.2. Zentraleinheit

Computer arbeiten - das ist sicherlich allgemein bekannt - digital. Ein Rechner kennt nur zwei Informationen "ja" bzw. nein", die er in Form elektrischer Signale als Spannung bzw. keine Spannung darstellt und speichert. Diese kleinste Einheit mit den beiden Zustände 0/1 oder "ja"/"nein" wird als ein Bit bezeichnet. Zahlen und Buchstaben, die im Rechner verarbeitet werden sollen, müssen binär codiert werden, wozu man 8 Bit zu einem Byte zusammenfaßt. Die Umwandlung eines Buchstabens oder einer Ziffer in den binären Code eines Rechners muß, wenn diese Daten zwischen verschiedenen Rechnern austauschbar sein sollen, standardisiert sein. Ein standardisierter Code ist beispielsweise der ASCII-Code (Abkürzung für **A**merican **S**tandard **C**ode for **I**nformation **I**nterchange) nach DIN 66003.[1]

Der Buchstabe T wird nach diesem Code wie folgt verschlüsselt:

Zeichen	T
Dezimal	84
Hexadezimal	54
Binär	1010100

Die Speicherkapazität des Rechners und der Speichermedien Diskette und Festplatte wird in den Dimensionen

---

1) DIN 66003 1974

1 KB	1 Kilobyte =	2^{10} =	1 024 Byte
1 MB	1 Megabyte =	2^{20} =	1 048 576 Byte
1 GB	1 Gigabyte =	2^{30} =	1 073 741 824 Byte

angegeben.

Ein CAD-Programm stellt, anders als Textverarbeitungsprogramme, enorme
Anforderungen an die Rechenleistung des Computers. Aus diesem Grunde
liegen die Mindestanforderungen an einen CAD-Rechner und seine Zentraleinheit, die CPU (engl. **C**entral **P**rocessing **U**nit), recht hoch. Der Aufbau der
CPU bestimmt im wesentlichen die Leistungsfähigkeit des Rechners. Vor
allem sind

- Taktfrequenz und
- Datenbus- und Adreßbusbreite

ausschlaggebend für die Rechengeschwindigkeit. In Microcomputern und
Workstations, die sich für das rechnergestützte Konstruieren eignen, werden
hauptsächlich folgende CPU eingebaut:

Intel	80286	16 Bit	12 - 20 MHz
	80386	32 Bit	16 - 33 MHz
Motorola	68000	16 Bit	16 - 33 MHz
	68020	32 Bit	
	68030	32 Bit	

Optimale Leistung erzielen all diese CPUs erst in Zusammenarbeit mit einem
mathematischen Koprozessor, einem auf schnelles Rechnen spezialisierten
Zusatzbaustein zur CPU.

2.1.3. Externe Speicher

Zeichnungsdaten, die Sie über eine Arbeitssitzung hinaus aufbewahren
wollen, müssen auf einem externen Speicher abgelegt werden, wenn sie
nach dem Ausschalten des Gerätes nicht verloren sein sollen. Auch das
CAD-Programm, das Sie benutzen, liegt in einer für den Rechner lesbaren
Form auf dem externen Speicher. Die Entwicklung im Bereich der Microcomputer hat sich auf zwei Typen externer Speicher konzentriert, die Disket-
tenlaufwerke mit herausnehmbaren Disketten und die Festplattenlaufwerke.
Auch das Magnetband mit seiner hohen Speicherkapazität hat nach wie vor

seine Aufgabe als Backup-System für die Datensicherheit.

Festplatten

Festplatten bestehen aus einem Stapel von mehreren übereinander angeordneten magnetisch beschichten Platten, die sehr schnell rotieren. Der Plattenstapel ist in einem luftdichten Gehäuse fest eingebaut. Über jeder Plattenoberfläche schwebt auf einem Luftkissen ein Schreib- und Lesekopf, der radial verschoben werden kann und so jede Stelle auf der Plattenoberfläche anfahren kann. Die Daten auf der Festplatte werden in konzentrischen Ringen, den sogenannten Spuren auf die Platte geschrieben. Diese Spuren sind dann zur schnelleren Orientierung noch in Sektoren unterteilt. Eine Festplatte erreicht mittlere Zugriffsgeschwindigkeiten von Spur zu Spur, die in der Regel unter 1/10 Sekunde liegen. Eine für CAD-Anwendungen geeignete Festplatte sollte eine mittlere Zugriffszeit zu einer Spur von maximal 28 ms (Millisekunden) aufweisen.

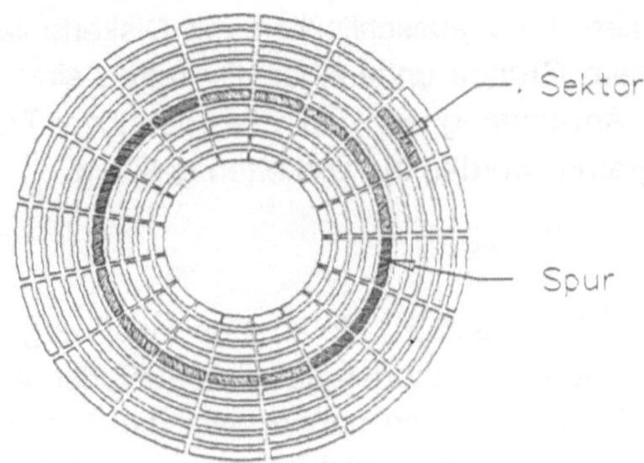

Bild 2.2: Spuren und Sektoren

Festplatten für Microcomputer beginnen bei einer Speicherkapazität von 10 MB und erreichen 300 MB. Da auch die Kosten mit der Speicherkapazität wachsen, stellt sich die Frage nach der erforderlicher Größe der Platte. Eine Zeichnungsdatei kann schnell eine Größe von 0,5 bis 1 MB erreichen, Komplexe dreidimensionale Zeichnungen erreichen 3 bis 4 MB. Um ein mittelgroßes Planungsprojekt mit etwa 100 Zeichnungen zu speichern, wären dann 100 MB Festplattenspeicher nötig. Daher wird man sicherlich nicht das gesamte Planungsprojekt auf der Festplatte speichern, doch bearbeitet ein

Büro in der Regel verschiedene Projekte in unterschiedlichen Planungsstadien, so daß 100 MB Festplattenkapazität für die praktische Arbeit sicherlich erforderlich sind. Die Auswahl wird dadurch erleichtert, daß sich Festplatten auch nachträglich noch einbauen oder austauschen lassen. Man ist mit dem Kauf des Rechners also nicht endgültig auf eine bestimmte Festplattenkapazität festgelegt.

Disketten

Disketten sind flexible Scheiben, deren Oberfläche magnetisch beschichtet sind. Die Disketten mit 5 1/4 Zoll Durchmesser stecken in einer flexiblen Hülle, die kleinen 3- oder 3 1/2-Zoll-Disketten in einem festen Plastikgehäuse. Der Schreib- Lesekopf des Diskettenlaufwerks entspricht dem eines Festplattenlaufwerks, er berührt allerdings die Diskettenoberfläche, weshalb die Diskette auch nur langsam rotieren kann und die mittleren Zugriffsgeschwindigkeiten zu einer Spur bei 500 ms liegen. Die Kapazität einer Diskette erreicht maximal 1,44 MB, sie kann daher nicht viel mehr als eine komplexe Zeichnung aufnehmen. CAD ausschließlich mit Diskettenlaufwerken zu betreiben ist aus diesem Grunde undenkbar. Disketten sind erhalten ihre Bedeutung für diese Anwendung als das meistgenutzte Transportmedium - auch die CAD-Programm werden auf Disketten geliefert.

Streamer

Streamer sind Magnetbandgeräte, die in das Rechnergehäuse eingebaut werden können und die Informationen auf eine austauschbare Magnetbandkasette schreiben. Diese Kassetten haben etwa die Speicherkapazität einer Festplatte. So dienen die Streamer zwei Zwecken:

- Abgeschlossene Projekte müssen so archiviert werden, daß einzelne Pläne schnell und zuverlässig gefunden werden können, denn man wird immer versuchen, neue Entwürfe durch Variieren älterer Planungen zu erarbeiten, statt stets von neuem zu beginnen. Schon einmal digitalisierte Daten stellen einen erheblicher Wert dar, welcher nur genutzt werden kann, wenn diese Daten gespeichert bleiben. Hierfür sind Disketten mit ihrer vergleichsweise geringen Kapazität nur eingeschränkt geeignet, viel günstiger sind einzelne größere oder mehrere kleine Projekte auf einer Magnetbandkasette gespeichert.

- Die Rechner sind im Zuge der technischen Entwicklung zwar immer zuverlässiger geworden, doch besteht immer noch ein gewisses Risiko, daß die Daten auf der Festplatte - sei es durch Stromausfall oder durch eine Fehlbedienung - verloren gehen. Um den daraus resultierenden Schaden zu begrenzen, wird man in regelmäßigen Abständen Sicherungskopien der Festplatte anfertigen, was mit Disketten eine zeitaufwendige Tätigkeit ist - die erwähnte 100 MB Festplatte muß auf 84 Disketten von je 1,2 MB kopiert werden. Eine Sicherungskopie auf Magnetband ist ohne Diskettenwechsel sehr viel schneller und einfacher herzustellen, manche Systeme erstellen die Sicherungskopie sogar automatisch in vorgegebenen Zeitintervallen.

2.2. Grafische Bildschirme

Das Arbeitsgerät, welches die Arbeit mit CAD-Systemen am meisten prägt, ist der Bildschirm. Auf ihm wird das rechnerinterne Modell eines Entwurfes in ein für den Konstrukteur verständliches Bild umgewandelt. Bildschirme für CAD-Anwendungen waren früher Vektor- Bildschirme, auf deren Phosphorschicht ein Elektronenstrahl Linien "Vektoren" zeichnete. Die Phosphorschicht speicherte - von einer Zusatzkathode angeregt - die Zeichnungsinformation in Form vieler Vektoren. Ein Löschen des Bildes erforderte einen Löschimpuls, der den gesamten Bildschirminhalt löschte, wodurch ein interaktives Arbeiten, bei dem der Benutzer die Auswirkung seiner Eingabe sofort kontrollieren konnte, nur sehr eingeschränkt möglich war. Die Vektorbildschirme boten allerdings eine hohe Bildauflösung von 2000 * 2000 Punkten und benötigten keinen Videospeicher.

Heute sind auf Grund der rasanten Entwicklung der Elektronik fast ausschließlich Rasterbildschirme auf dem Markt, die das Bild wie ein Fernsehgerät zeilenweise als rechteckige Matrix aufbauen. Die Bildpunkte werden als Pixel bezeichnet. Beim Bildaufbau werden alle Bildpunkte der gesamten Matrix aus dem Bildspeicher des Rechners gelesen und daraus die Steuersignale des Bildschirms erzeugt.

Die Anzahl der Bildpunkte auf dem Bildschirm ist ein direktes Maß für die Qualität des Bildes, denn je höher die Auflösung des Bildes ist, um so mehr Details einer Zeichnung sind auf dem Bildschirm zu erkennen. Die untere Grenze der Auflösung für CAD-Anwendungen liegt bei ca. 640 * 350 Punkten auf einem Bildschirm mit einer Diagonalen von 15 Zoll. Bessere Darstellungen sind beispielsweise mit 1280 * 1024 Bildpunkten auf einem 20 Zoll-Bildschirm zu erreichen. Vor allem bei der Visualisierung von Entwürfen, bei perspektivischen Zeichnungen, die auch die Wirkung des einfallenden Lichtes berücksichtigen, benötigt man noch höhere Auflösungen bis 2048 * 2048 Bildpunkte. Hier setzt weniger die Technik als der Preis und damit die Wirtschaftlichkeit die Grenzen. Dies hat seinen Grund einerseits in der Größe des Videospeichers, der ja ein ganzes Bild aufnehmen muß, andererseits in der erforderlichen Bildaufbaugeschwindigkeit. Sollen auf dem Bildschirm 256 verschiedene Farben dargestellt werden, benötigt man für einen Bildpunkt 8 Bit, für ein Bild von 1280 * 1024 Punkten 8 * 1280 * 1024 = 10 485 760 Bit, etwa 1,3 Megabyte. Soll das Bild nicht flimmern, ist eine Bild-Wiederholfrequenz von mindestens 60 Hz nötig. Berücksichtigt man die Zeiten, die der Elektronenstrahl für den Rücklauf benötigt, bleiben 16 Millisekunden für ein Bild, 9 Nanosekunden für einen einzelnen Bildpunkt. Um diese Geschwindigkeiten zu erreichen, müssen die Rechner oder deren Bildschirmadapter mit speziellen Grafikprozessoren und schnellem Speicher ausgerüstet sein. Der Preis für diese Darstellung liegt damit bei ca. 15 000 DM für Bildschirm und Bildschirmadapter.

Preise und Leistungsdaten der Systeme ändern sich ständig. Sie müssen für Ihre Anwendungen selbst den Kompromiss zwischen Leistung und Preis finden.

2.3. Eingabegeräte

Viele Anwendungen der EDV benötigen als Eingabegerät lediglich eine Tastatur, die möglichst als Schreibmaschinentastatur nach DIN unabdingbar zu jedem Computer gehört. Eingaben für ein CAD-Programm ausschließlich über Tastatur wären zu umständlich, daher ist die Tastatur eines CAD-Systems nur eines von mehreren Eingabegeräten.

2.3.1. Tastatur

Die Hauptaufgabengebiete der Tastatur sind beim computergestützten Entwurf die Dateneingabe über die numerische Tastatur, sowie die Befehlseingabe, wenn das CAD-System über eine Eingabesprache verfügt. Vor allem geübte Benutzer schätzen diese Art der Kommandoeingabe als die schnellste, da sie die gängigen Kommandos auswendig kennen und die Hilfe durch ein Menüsystem nicht mehr benötigen. Eine sehr schnelle Eingabe häufig benutzter Funktionen ist über die Funktionstasten einer Tastatur möglich. AutoCAD nutzt einen Teil dieser Funktionstasten. Es bietet sich an, die noch freien mit der wichtigsten Befehlen zu belegen.

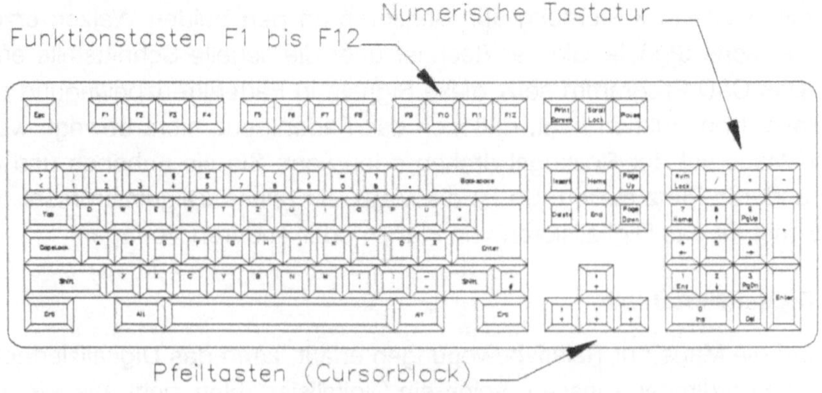

Bild 2.3: Tastatur

2.3.2. Maus

Die Maus als Peripheriegerät am Computer ist universell einsetzbar und kein spezielles Gerät für CAD-Anwendungen. Viele andere Programme, wie Textverarbeitungsprogramme, Betriebssysteme mit grafischer Benutzeroberfläche wie GEM oder Windows nutzen die einfache Bedienung durch die Maus, mit der sich so einfach der Bildschirmcursor bewegen läßt. Da die Mäuse weit verbreitet sind, stellen sie ein relativ preiswertes Eingabegerät dar.

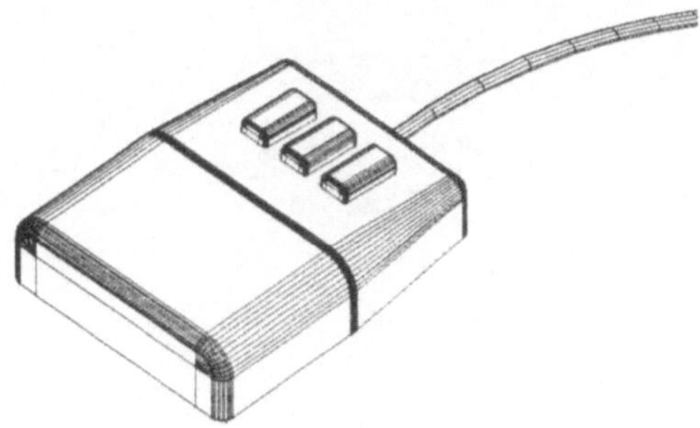

Bild 2.4: Maus

Die Maus läuft auf einer gummierten Kugel, die auf der Unterseite etwas herausragt. Schiebt man die Maus über eine möglichst ebene Unterlage, dreht sich diese Kugel. An der Kugel liegen in Längs- und Querrichtung der Maus je zwei Gummiwalzen an, die sich je nach Bewegungsrichtung der Maus unterschiedlich mitdrehen. Die eine Walze nimmt die Mausbewegung in y-Richtung, die zweite in X-Richtung auf. Sensoren an den beiden Walzen erzeugen elektrische Signale, die der Rechner über die serielle Schnittstelle empfängt. Das CAD-Programm setzt diese Signale in Fadenkreuzbewegung um. Aus dieser Konstruktion folgt, daß sich das Fadenkreuz nicht bewegt, wenn Sie die Maus auf der Rollkugel drehen oder wenn Sie sie anheben und auf einen anderen Platz stellen. So ist die Maus ein reines Zeigeinstrument und ungeeignet für das Digitalisieren von Plänen oder anderen Vorlagen.

2.3.3. Digitalisiertablett

Während die Maus nur Relativbewegungen erfaßt, kann das Digitalisiertablett absolute Koordinaten messen. Solch ein Digitalisiertablett sieht aus wie eine konventionelle Zeichenplatte. Tabletts sind in Größen von DIN A 3 bis DIN A 0 erhältlich. Unter der Zeichenfläche sind viele feine Drähte in X- und Y-Richtung verlegt, die sequentiell angesteuert werden und ein wanderndes Magnetfeld erzeugen. Eine Induktionsspule kann das Magnetfeld aufnehmen, der Rechner rechnet die empfangenen Impulse in Koordinaten um. Meist ist die Induktionsspule in eine Lupe eingebaut, die an einem mausähnlichen, mit Tasten versehenen Puck befestigt ist. So besteht eine direkte Abhängigkeit zwischen der Position der Lupe auf dem Tablett und der Position des Fadenkreuzes auf dem Bildschirm, auch dann, wenn der Puck angehoben und an

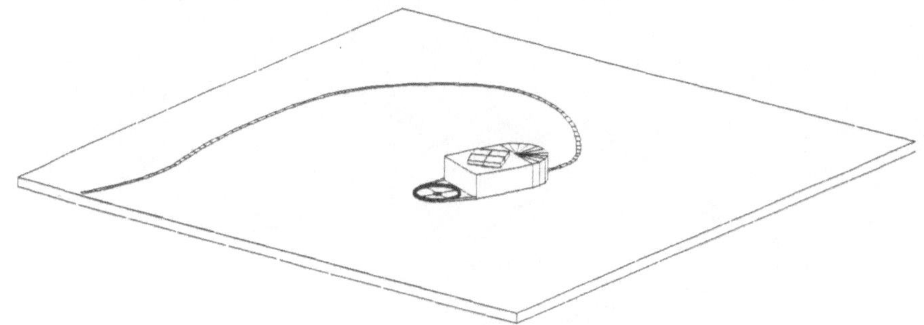

Bild 2.5: Digitalisiertablett mit Puck

einer anderen Stelle wieder abgesetzt wird.

So können Zeichnungen, die in das CAD-System aufgenommen werden sollen, auf dem Tablett aufgespannt und Linie für Linie digitalisiert werden. Das Tablett kann man außer zur Bewegung des Fadenkreuzes auf dem Bildschirm auch zum Anwählen von Befehlen benutzen, wenn man Teile des Bildschirmmenüs auf eine Tablettmenü-Maske überträgt. AutoCAD bietet ein Standard-Tablettmenü an, auf dem den wichtigsten Befehlen Felder zugewiesen sind. Sie können diese Befehle anwählen, indem Sie mit der Lupe auf das Feld zeigen und eine Taste des Pucks drücken.

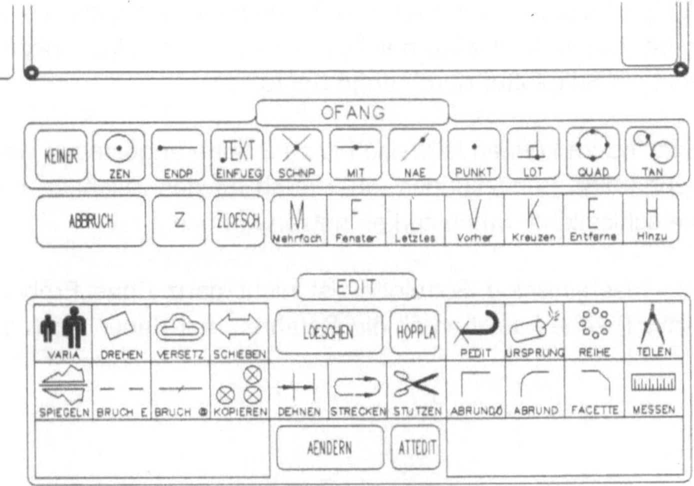

Bild 2.6: Ausschnitt aus dem AutoCAD Tablettmenü

2.4. Geräte für die grafische Ausgabe

2.4.1. Plotter

Der Plotter ist das gängigste Ausgabegerät für technische Zeichnungen, die computergestützt erzeugt wurden. Er ist eine rechnergesteuerte Zeichenmaschine und in seiner Funktion am ehesten mit einer konventionellen Zeichenmaschine vergleichbar. Die Zeichenwerkzeuge sind Tuschestifte, Faserschreiber oder Kugelschreiber. Bei den Tisch- oder Flachbettplottern steht die Zeichenunterlage fest und der Zeichenstift bewegt sich in x- und y-Richtung. Da die bewegten Massen des Laufwagens recht groß sind, bleibt die erreichbare Zeichengeschwindigkeit des Flachbettplotters begrenzt. Es wird auf Einzelblätter gezeichnet. Jedes Blatt muß neu eingespannt werden, es sei denn der Plotter verfügt über einen automatischen Blattransport, der von der CAD-Software auch unterstützt wird. Mit größerer Geschwindigkeit arbeiten Trommelplotter, bei denen das Papier in x-Richtung bewegt wird und der Zeichenstift nur in y-Richtung beweglich sein muß.

Da der Plotter digital angesteuert wird, wird der Zeichenstift in kleinsten Schritten in x- und y-Richtung über das Blatt bewegt. Nur Linien, die parallel zu den Koordinatenachsen verlaufen werden ganz gerade gezeichnet, schräge Linien müssen vom Plotter in Treppenlinien aufgelöst werden. Die Auflösung der Plotter liegt zwischen 0,01 und 0,1 mm. Flächenhafte Darstellung erreicht ein Stiftplotter durch enge Schraffuren.

Bei den Stiftplottern können teilweise bis zu 8 Stifte angesteuert werden, was Sie für mehrfarbige Darstellungen, aber auch für das Zeichnen mit Tuschefüllern unterschiedlicher Strichstärken nutzen können.

Der Betrieb mechanischer Stiftplotter ist nicht ganz ohne Probleme. Beim Zeichnen mit Tusche bestehen all die Gefahren, mit denen auch der techni-

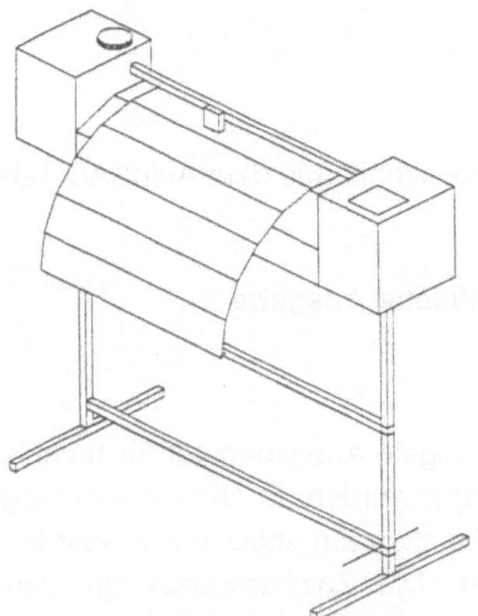

Bild 2.7: Trommelplotter

sche Zeichner zu kämpfen hat. Nicht gebrauchte Stifte können eintrocknen, Stifte können beim Einsatz klecksen, während des Zeichnens kann der Tuschefluß abreißen. Während ein Zeichner die Störung sofort erkennt und beheben kann, arbeitet ein Plotter in der Regel ohne Aufsicht. Die Folgen einer Störung sind viel gravierender. An Zeichengerät und Tusche sind ganz besonders hohe Anforderungen zu stellen, die technische Entwicklung ist hier sicher noch nicht abgeschlossen.

Als Ausweg aus diesen Schwierigkeiten, die mechanische Stiftplotter auf Grund ihrer Arbeitsweise stets behalten werden, bietet sich an, Plotter einzusetzen, welche berührungsfrei arbeiten. Dies können beispielsweise elektrostatische Plotter sein. Diese Plotter lösen das Zeichnungsformat in Zeilen aus einzelnen Rasterpunkten (bis 16 Punkte je mm) auf. Jeder Rasterpunkt wird als elektrostatische Ladung auf ein Spezialpapier übertragen, das an den geladenen Stellen ein Tonerpulver aufnimmt. Den höheren Anschaffungs- und Betriebskosten dieses Plottertyps stehen weitgehende Wartungsfreiheit und eine sehr hohe Arbeitsgeschwindigkeit von 2 cm/s Papiervorschub unabhängig von der Informationsdichte der Zeichnung gegenüber.

Die Auswahl des Zeichenmaterials hat zwar nicht so viel Einfluß auf die Qualität der Zeichnung, wie die des Plotters selbst, doch sind Zeichnungen, die auch höheren Ansprüchen genügen nur in der geeigneten Kombination von Zeichenstift und Zeichnungsträger zu erreichen.

Die höchste Strichqualität läßt sich mit nachfüllbaren Tuschestiften auf Polyester-Zeichenfolie erreichen. Diese Kombination ist allerdings auch am schwierigsten einzusetzen und erfordert viel Wartung und Reinigung. Ein befriedigendes Arbeitsergebnis ist nur bei Zeichenstiftgeschwindigkeiten von nicht mehr als 15 cm/s zu erwarten. Die Sauberkeit von Zeichenmaterial, Stiften und Arbeitsbereich sind ebenfalls von großer Bedeutung. An nachfüllbaren Tuschestiften lassen sich abgenutzte Zeichenspitzen auswechseln.

Eine weniger arbeitsaufwendige Alternative zu den nachfüllbaren Tuschestiften sind Einwegtuschestifte, die vor allem in der Kombination mit Transparentpapier als Zeichnungsträger verwendet werden; sie sind allerdings teurer als die nachfüllbaren. Da diese Stifte eine besondere Tusche verwenden, können sie mit bis zu 30 cm/s erheblich schneller arbeiten.

Arbeitskopien Ihrer Zeichnungen werden Sie demnach sicherlich nicht mit Tuschestiften, sondern mit Kugel- oder Faserstiften, die in ihrer Handhabung unproblematisch sind, auf holzfreiem Zeichenpapier erstellen. Mit diesen Stiften sind ohne weiteren Wartungsaufwand Zeichengeschwindigkeiten bis 60 cm/s erreichbar.

Angesichts der hohen Anschaffungskosten eines Plotters, der nicht unproblematischen Handhabung und der langen Rechnerzeiten, die das Plotten in Anspruch nimmt, ist zu prüfen, ob nicht - vor allem in der Anfangsphase des CAD-Einsatzes - das Serviceangebot einer Lohnplotfirma günstiger ist, der Sie Ihre Zeichnungen auf Diskette zuschicken. Lohnplottfirmen können auf Grund des größeren Umsatzes schnellere und qualitativ bessere Plotter einsetzen, als der einzelne Anwender. Sie besitzen auch die nötige Erfahrung für die Auswahl der richtigen Zeichenmaterialien.

2.4.2.Drucker

Nicht alle Arbeitsergebnisse eines CAD-Systems sind grafischer Art und können auf einem Plotter ausgegeben werden. Berechnungsergebnisse, Stücklisten, Massenermittlungen müssen gedruckt werden. Daher gehört ein Drucker zur Grundausstattung eines CAD-Systems.

Entwürfe entstehen nicht in einem durchgehenden Arbeitsgang, sondern in einzelnen Arbeitsschritten, sie müssen modifiziert und korrigiert werden. Es muß die Möglichkeit bestehen, Zwischenzustände der Zeichnung schnell zu Papier zu bringen, denn Zeichenfehler auf dem Bildschirm zu suchen, ist sehr schwierig. Das Plotten ist, wie Sie gesehen haben, zeit- und arbeitsaufwendig. Für das Herstellen schneller Arbeitskopien Ihrer Pläne, sogenannter Hardcopies, ist ein Drucker ebenfalls einzusetzen.

Matrixdrucker

Der Punktmatrixdrucker ist ein preiswertes Ausgabegerät für Arbeitskopien bis zum Format DIN A 3. Er liefert zwar keine hochwertigen Zeichnungen, die Linien sind recht grob gerastert, doch ist er schnell. Die Ausgabe einer Zeichnung dauert - unabhängig von der Zeichnungsdichte kaum mehr als 10 Minuten, ein Plotter kann, vor allem, wenn die Zeichnung viel Text enthält, leicht eine Stunde für die Ausgabe einer Zeichnung benötigen.

Matrix-Nadeldrucker bilden die Buchstaben mit Hilfe eine Punkt-Matrix ab. Das Buchstabenbild besteht aus einem Raster von vielen einzelnen Punkten - üblicherweise zwischen 6 x 9 und 29 x 36 Einzelpunkten. Der Druckkopf hat 9 oder 24 senkrecht übereinander stehende Nadeln. Während der Druckkopf über die Zeile bewegt wird, wird ein Buchstabe spaltenweise gedruckt. Dabei drücken die jeweils angesteuerten Nadeln gegen das vor dem Papier vorbeilaufende Farbband.

Ein Matrixdrucker,der als Zeichengerät dienen soll, kann Linien nicht als Vektoren zeichnen, indem er den Druckkopf über dem Papier hin- und herbewegt. Der Drucker muß die Zeichnung zunächst in Zeilen rastern, die seiner Drucknadelzahl entsprechen. Beim Drucken dieser Zeilen werden dann die Nadeln an den Stellen angesteuert, die geschwärzt werden müssen. Die Arbeitsgeschwindigkeit des Druckers ist aus diesem Grunde nicht vom Zeichnungsinhalt, sondern von der Dichte des Punktrasters abhängig.

Laserdrucker

Laserdrucker bedrucken das Papier nach demselben Verfahren, wie Fotokopierer. Eine Drucktrommel und die pulverisierte Druckfarbe sind beide elektrostatisch negativ aufgeladen. Da sich gleich geladene Teile abstoßen, nimmt die Trommel, die am Toner vorbei bewegt wird, keine Druckfarbe an. Starkes Licht entlädt die Trommel an den Stellen, an denen sie vom Licht getroffen wird. Diese Stellen nehmen die negativ geladene Druckfarbe an. Das Bild wird jedoch nicht wie beim Kopierer von einer Vorlage reflektiert, sondern von einem Laserstrahl rechnergesteuert erzeugt. Anschließend wird das positiv geladene Papier an der Trommel vorbeigeführt und nimmt die negativ geladene Druckfarbe von der Trommel ab. Mit Druck und Wärme wird der Toner geschmolzen und verbindet sich mit dem Papier..

Ein Laserdrucker erzeugt wie ein Matrixdrucker eine gerasterte Zeichnung des Entwurfs. Das Raster ist mit 300 Punkten je Zoll oder 0,08 mm/Punkt allerdings feiner. Eine Seite muß für den Laserdruck als Ganzes gerastert werden, es kann nicht wie beim Matrixdrucker in Zeilen aufgelöst werden. Daher benötigt ein Laserdrucker einen leistungsfähigen Prozessor und viel Arbeitsspeicher, was ein Grund für die wesentlich höheren Preise der Laserdrucker ist.

3. Grundlagen der CAD - Arbeitstechnik

Das Entwerfen mit Hilfe eines CAD-Systems hat zwei ganz unterschiedliche Aspekte:

- Einerseits zeichnet man in der gewohnten Technik, nur eben auf dem Bildschirm statt auf dem Zeichenbrett. CAD stellt unter diesem Gesichtspunkt keine besonderen Anforderungen an den Ungeübten.

- Viele neue Möglichkeiten des Konstruierens eröffnen sich dadurch, daß der Rechner viel mehr als nur die Striche einer Zeichnung in seinem rechnerinternen Modell abbildet. Der CAD-erfahrene Konstrukteur zeichnet nur noch in Ausnahmefällen Linien und andere geometrische Elemente am Bildschirm. Neue Zeichnungen entstehen vielmehr durch Verändern bestehender Zeichnungsteile, durch Zusammenfügen ganzer Bauteile aus Bauteilbibliotheken und automatisierte Befehlsmakros.

Erst die zweite Art, CAD zu benutzen, ermöglicht einen Zeitgewinn gegenüber der konventionellen Zeichentechnik.

In diesem Kapitel sollen Sie zunächst den ersten genannten Aspekt des Zeichnens am Bildschirm erlernen und den Computer als reines Zeichenhilfsmittel benutzen. Ausgehend von den konventionellen Zeichentechniken mit Reißschiene und Zeichendreieck wäre es für Ungeübte empfehlenswert, wenn sie zunächst diese Arbeitstechnik am Bildschirm nachvollziehen.

3.1.Zur Notation der Befehlsdiagramme

Von den Entwicklern des Programmes AutoCAD wurden die einzelnen Befehle in ihrer inneren Abfolge logisch strukturiert. Dieser logische Aufbau erleichtert dem geübten Benutzer den Einsatz der Befehle ohne das Handbuch zu Rate ziehen zu müssen. Für Befehle, die man nur selten benutzt, wie auch zur Einarbeitung ist der Befehl "HILFE" vorgesehen, der in Kurzform Auskunft über die einzelnen Befehle und ihre Struktur gibt. Die Struktur der Befehlsfolgen wird übersichtlicher und das CAD-System wird während der Einarbeitung leichter zu bedienen sein, wenn die Befehlsstruktur in einer Sonderform von Ablaufdiagrammen grafisch dargestellt wird.

In der folgenden Tafel sind die beiden vorkommenden Strukturen -

- Sequenz (Befehlsfolge) und
- Selektion (Auswahl)

grafisch dargestellt. Die einzelnen zu einer Sequenz gehörenden Befehle sind durch Pfeile verbunden und gleich weit eingerückt gesetzt. Die einzelnen Alternativen einer Falluterscheidung sind an unterschiedlicher Einrükkung leicht zu erkennen.

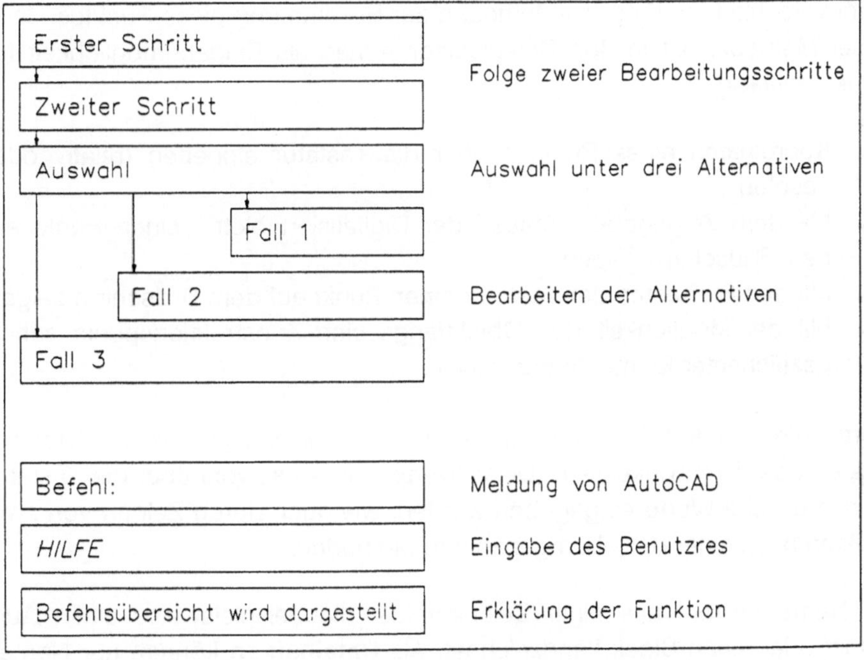

Tafel 3.1: Die Notation der Befehlsdiagramme

An der Schriftart lassen sich

- Meldungen von AutoCAD im Dialogbereich (breit),
- Eingaben des Benutzers (*kursiv*) und

- erklärende Kommentare (schmal) unterscheiden.

Eingaben des Benutzers können in AutoCAD auf unterschiedlichste Weise erfolgen:

- Wert
- Punkt
- Name
- Dateiname

Der meist verwendete Datentyp bei der Eingabe ist der **Punkt**. AutoCAD kennt verschiedene Eingabe-Methoden zur Bestimmung eines Punktes. Jede dieser Methoden ist in den Befehlsdiagrammen als Eingabemöglichkeit für *"Punkt"* zulässig.

- Koordinaten eines Punktes über die Tastatur eingeben (relativ oder absolut)
- Mit dem Zeigegerät - Maus oder Digitalisiertablett - einen Punkt auf dem Bildschirm zeigen
- Mit den Pfeiltasten der Tastatur einen Punkt auf dem Bildschirm zeigen
- Mit der Möglichkeit des Objektfangs eine Konstruktionspunkt schon gezeichneter Elemente auswählen.

Werte, die von AutoCAD erfragt werden, können beispielsweise Verschiebungen oder Drehwinkel sein. Diese Werte können sowohl über die Tastatur als numerische Werte eingegeben werden, wie auch durch Zeigen von zwei Punkten nach einer der oben genannten Methoden.

Ein **Name** besteht aus einer Zeichenfolge, die beispielsweise einen Ausschnitt oder einen Block kennzeichnet. Als **Dateinamen** können nur Namen verwendet werden, die den Konventionen des Betriebssystems entsprechen müssen - bei dem Betriebssystem MS-DOS beispielsweise nicht länger als 8 Zeichen sein dürfen.

AutoCAD zeigt die vom System vorgeschlagene Eingabe, den sogenannten Vorgabewert bzw. den letzten vom Benutzer eingegebenen Wert in spitzen Klammern "< >" an. Alle Arten von Eingaben werden mit der "Return" oder

"Enter" -Taste abgeschlossen. Außer bei der Eingabe von Texten und Namen dient auch die Leertaste zum Abschließen einer Eingabe.

3.2.Der Arbeitsbereich

3.2.1.Starten des Programmes

Das Programm AutoCAD starten Sie aus dem Unterverzeichnis, in dem AutoCAD abgelegt ist, meist hat dies den Namen "ACAD". Wechseln Sie zunächst in dieses Unterverzeichnis mit

> "cd \acad"

und starten Sie AutoCAD mit der Eingabe

> "ACAD".

```
Hauptmenue


0. Ende AutoCAD
1. NEUE Zeichnung erstellen
2. EXISTIERENDE Zeichnung aendern
3. Zeichnung plotten
4. Zeichnung auf Drucker plotten
5. AutoCAD konfigurieren
6. Datei -Dienstprogramm
7. Symbole/Zeichensatz kompilieren
8. Alte Zeichnung konvertieren


Funktion wählen
```

Tafel 3.2: Das Hauptmenü von AutoCAD

Das Programm meldet sich mit einem Eingangsbildschirm, der Auskunft über Version und Seriennummer Ihres Programmes gibt und dem Hauptmenü von dem aus Sie alle Aktivitäten des Programmes aufrufen können. Für das Bearbeiten einer neuen Zeichnung wählen Sie den Punkt 1, indem Sie die "1" gefolgt von <Return> eintippen und einen Namen angeben. AutoCAD versieht den Namen automatisch mit der Endung "DWG" (engl. drawing - Zeichnung), die Sie nicht mit eingeben dürfen. Unter dem Namen, den Sie wählen, wird eine Datei angelegt, hier müssen Sie sich bei der Namenswahl an die Konventionen des Betriebssystems halten.

3.2.2. Die Tastenbelegung

Für ein rationelles Arbeiten legt man sich häufig benutzte oder nur schwer zugängliche Eingaben auf einzelne Tasten oder Tastenkombinationen. Teilweise ist dies in AutoCAD schon geschehen, jedoch bleiben noch freie Funktionstasten, für die eigene Programmierung übrig.

Einige Funkionen sind nur zu erreichen, wenn die "Control-" oder "Strg"-Taste zusammen mit dem angegebenen Zeichen gedrückt wird. Dies wird im folgenden mit dem Zeichen "^" notiert. Die Tastenkombination von gleichzeitig gedrückter "Control-" und C- Taste erscheint im Text als "^C".

Tastenkombinationen

- Control Q: Schalter ^Q
  Sämtliche Tastatureingaben und Programmantworten werden vom Drucker automatisch protokolliert.
- Control C: Funktion ^C
  Die laufende Befehlsausführung wird abgebrochen, das System kehrt in die Befehlsabfrage "Befehl:" zurück. Bei Befehlen mit eigenen Untermenüs muß man ^C zweimal eingeben, um in die Befehlsebene zurückzukommen.
- Control X: Funktion ^X
  Die eingegebene Befehlszeile wird gelöscht, das System kehrt zur Befehlsabfrage "Befehl:" zurück.

Die Belegung der Funktionstasten zeigt das folgende Bild.

3.2.3. Der Zeichnungseditor

Auf dem Bildschirm sehen Sie nun den Grafikbildschirm des Zeichnungseditors, der in vier Bereiche unterteilt ist. Die Zeichenfläche nimmt in der Mitte des Bildschirms den größten Teil des Bildschirms ein. Rechts sehen Sie das

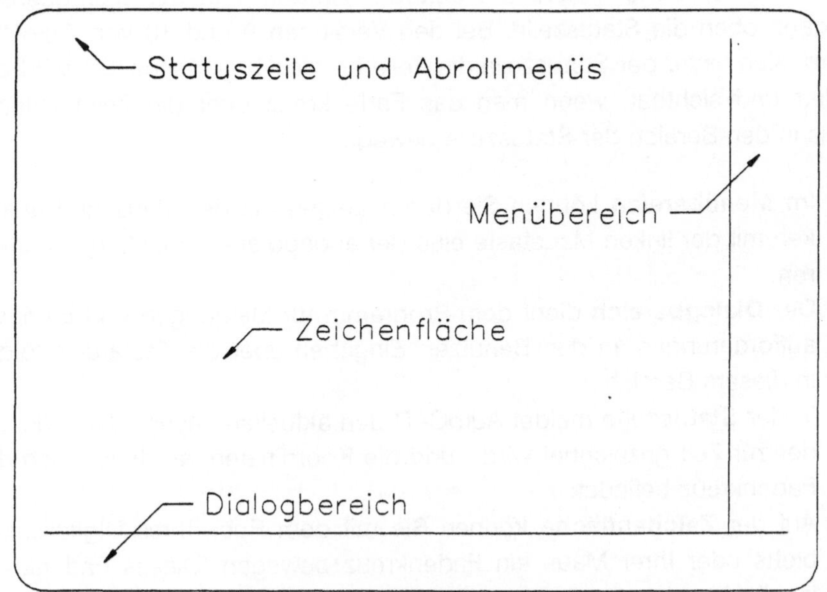

Bild 3.1: Der AutoCAD-Bildschirm

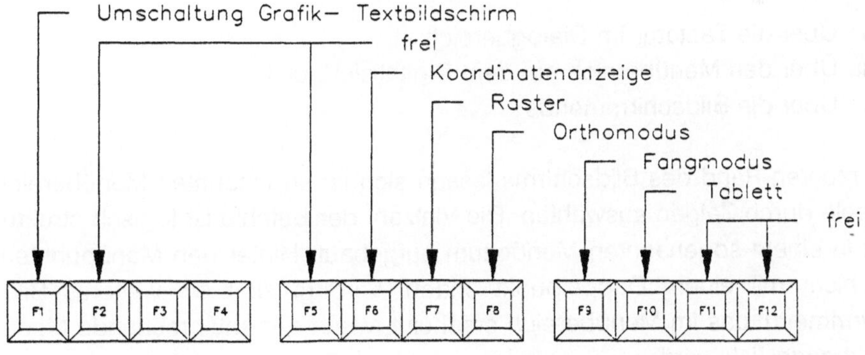

Bild 3.2: Die Belegung der Funktionstasten

erste Menü im Menübereich, am unteren Bildrand liegt der Dialogbereich und ganz oben die Statuszeile. Bei den Versionen 9 und 10 von AutoCAD verbirgt sich hinter der Statuszeile die Zeile für die Abrollmenüs. Sie wird erst aktiviert und sichtbar, wenn man das Fadenkreuz über die Zeichenfläche hinaus in den Bereich der Statuszeile bewegt.

- Im **Menübereich** können Sie durch Zeigen mit der Maus und anklikken mit der linken Maustaste eine der angebotenen Funktionen aktivieren.
- Der **Dialogbereich** dient dem Programm für Meldungen und Eingabeaufforderungen an den Benutzer. Eingaben über die Tastatur erfolgen in diesem Bereich.
- In der **Statuszeile** meldet AutoCAD den aktuellen Layer - die Folie, auf der zur Zeit gezeichnet wird - und die Koordinaten, an denen sich das Fadenkreuz befindet.
- Auf der **Zeichenfläche** können Sie mit dem Puck Ihres Digitalisiertabletts oder Ihrer Maus ein Fadenkreuz bewegen. Dieses Fadenkreuz ist die Positionsmarke von AutoCAD, Ihre Zugriffsmöglichkeit auf die Bildschirmzeichenfläche.

3.2.4. Die Auswahl in Bildschirmmenüs

AutoCAD kennt drei Möglichkeiten, Befehle einzugeben:

- Über die Tastatur im Dialogbereich
- Über den Menübereich auf dem Digitalisiertablett
- Über die Bildschirmmenüs

Am rechten Rand des Bildschirms lassen sich im sogenannten Menübereich Befehle durch Zeigen auswählen. Die Vielzahl der Befehle ist logisch strukturiert in einem sogenannten Menübaum aufgebaut. Hinter den Menüpunkten, die nicht mit einem Doppelpunkt enden, verbirgt sich ein weiteres Bildschirmmenü, das im Menübereich erscheint, wenn der entsprechende Menüpunkt angeklickt wird.

Die folgende Tafel zeigt Ihnen als Beispiel die Folge der verschiedenen Menüs beim Zeichnen einer Linie. Aus dem Hauptmenü wählen Sie den Menüpunkt "ZEICHNEN", worauf das zweite Menü eingeblendet wird. Hier wählen Sie "LINIE", der Menübereich zeigt das nächste Menü. Auf die Anfrage "VON PUNKT" können Sie das "* * * *"- Menü anklicken und eine der Objektfangmöglichkeiten auswählen.

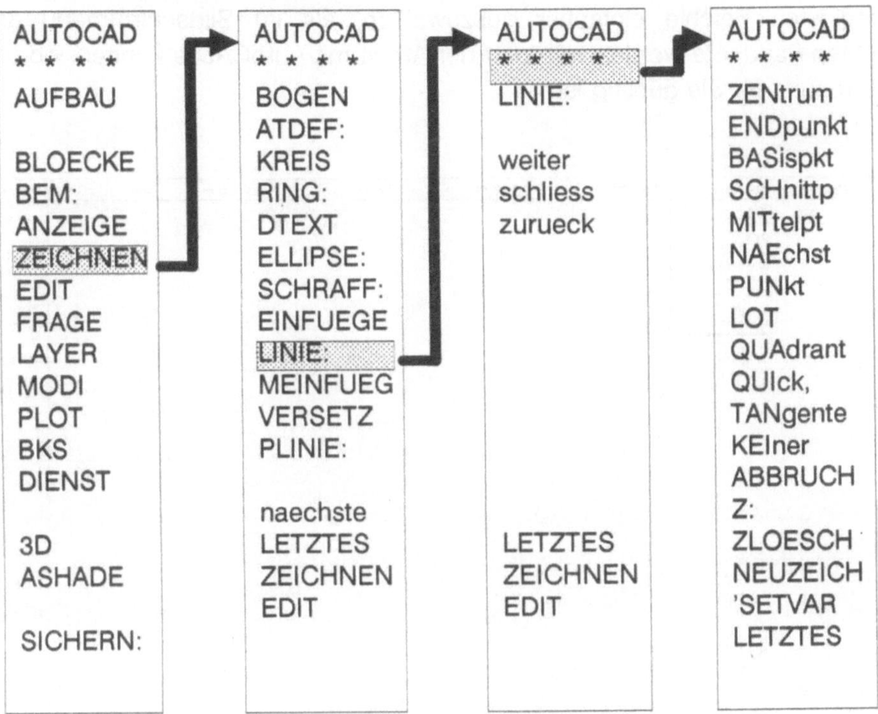

Tafel 3.3: Bildschirmmenüs beim Zeichnen einer Linie

Einen Überblick über den Aufbau des gesamten Menübaumes finden Sie in der von Autodesk mit AutoCAD gelieferten Zeichnung "MENUTREE.DWG". Der an sich logische Aufbau der Bildschirmmenüs läßt die Auswahl teilweise sehr umständlich und zeitraubend werden. Die Befehle und Befehlskombinationen, die Sie häufig benutzen, sollten Sie sich als fortgeschrittener Benutzer des Programmes direkt greifbar in einem eigenen Bildschirmmenü anordnen. Eine Anleitung hierzu finden Sie im Kapitel 5.

In den AutoCAD-Versionen 9 und 10 wurde versucht, eine allgemeine Lösung für das Problem einer einfacheren Bedienung zu finden. Verschieben Sie das Fadenkreuz in die Statuszeile am oberen Bildrand, erscheint statt der Statuszeile eine Menüzeile mit verschiedenen Auswahlpunkten. Klicken Sie einen der Menüpunkte an, so sehen Sie ein Auswahlmenü unter dem gewählten Menüpunkt, das den Zeichenbereich teilweise überdeckt, als hätten Sie es aus der Menüzeile herausgezogen. In diesen Abrollmenüs sind die gängigsten Befehle einfacher auszuwählen, als im Bildschirmmenü am rechten Rand. Sie werden während der Arbeit mit AutoCAD erkennen, ob die Anordnung für Sie günstig ist.

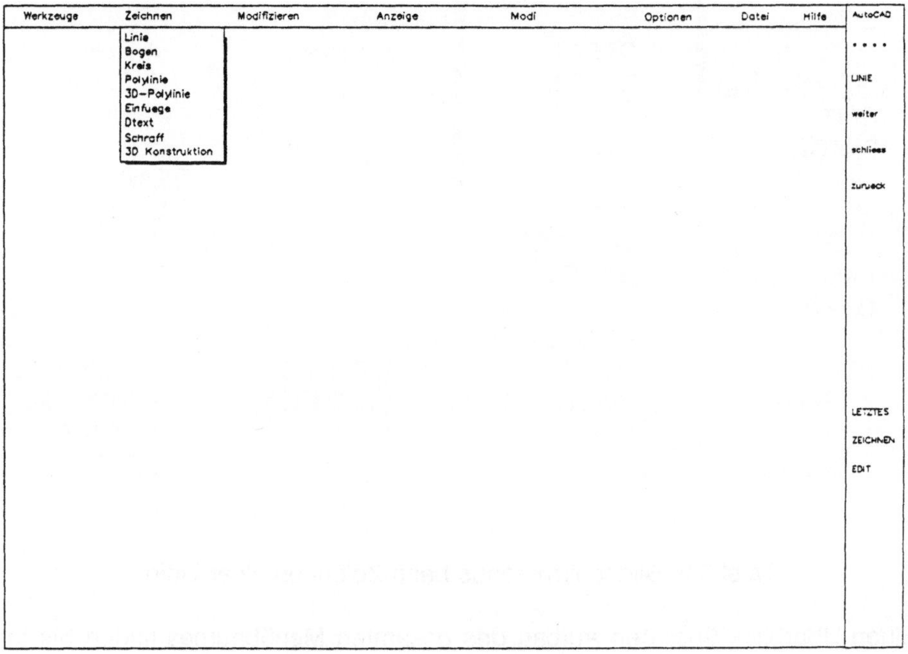

Bild 3.3: Abrollmenü beim Zeichnen einer Linie

3.2.5. Maßstabsloses Arbeiten

Je nach Aufgabe des Entwurfs wählt man im Bauwesen unterschiedliche Maßstäbe für die Darstellung des Entwurfes:

- M 1 : 200 oder 1 : 500 für den Vorentwurf.
- M 1 : 100 für Entwurfszeichnungen.

- M 1 : 25 oder 1 : 50 für Ausführungszeichnungen.
- M 1 : 5 bis 1 : 1 für Werkstattzeichnungen

Beim computergestützten Entwurf werden zwei verschiedene Verfahren zur Festlegung des Maßstabes angewandt:

- Man legt den Maßstab der Zeichnung zu Beginn der Arbeit fest, wie man dies von der Arbeit am Reißbrett gewohnt ist. Zeichnet man am Reißbrett, muß man zu Beginn der Zeichenarbeit einen Bogen Papier aufspannen, sich also für ein bestimmtes Papierformat entscheiden und den Zeichenmaßstab festlegen. Anschließend wird dann die Blattaufteilung - möglichst nach DIN 1356[1] - vorgenommen. Es liegt nahe beim Konstruieren am Bildschirm genau nach demselben Verfahren vorzugehen, ein spezieller Befehl "AUFBAU" von AutoCAD unterstützt dieses Vorgehen.
  Nach einer Auswahl des Maßsystems, in der Sie "metrisch" als Maßsystem auswählen sollten, werden Ihnen im Bildschirmmenü verschiedene Maßstäbe zwischen 1:1 und 1: 5000 zur Auswahl angeboten. Wählen Sie den für Ihr Vorhaben passenden Maßstab. Anschließend stellt Ihnen AutoCAD verschiedene Blattgrößen von DIN A 4 bis DIN A 0 zur Auswahl und zeichnet einen Rahmen in Blattgröße um den Zeichenbereich. Sie arbeiten von nun an, als hätten Sie ein Blatt Papier der gewünschten Größe zur Verfügung.
- Im Gegensatz zur konventionellen maßstabsabhängigen Arbeitsweise ist das rechnerinterne Modell, welches das CAD-Programm von Ihrem Entwurf anlegt, format- und maßstabsunabhängig. Sie können daher am Bildschirm in beliebigem Maßstab konstruieren, auch, was besonders bequem ist, im Maßstab 1:1; das CAD-System übernimmt die Darstellung auf dem Bildschirm im geeigneten Maßstab. Sie müssen erst beim Plotten der Zeichnung einen Maßstab festlegen.

Als reine Zeichenhilfe ist der Computer beim Erstellen einzelner Pläne dem manuellen Zeichnen nicht gewachsen. Die Vorteile des computergestützten Entwurfs werden erst wirksam, wenn Pläne nicht mehr einzeln gezeichnet werden müssen, sondern - möglichst automatisch - aus schon bestehenden

---

1) DIN 1356 1981

entstehen. Dies setzt voraus, daß zunächst maßstabsfrei entworfen wird und die maßstabsgerechte Anpassung an die gewünschte Darstellungsform erst kurz vor dem Plotten erfolgt.

Eine vorschriftsgemäße Darstellung des Planes setzt aber voraus, daß Schraffuren, Beschriftung, Bemaßung, Blattgröße auf den Zeichenmaßstab abgestimmt sind. Sie werden daher beim Anlegen einer neuen Zeichnung den Maßstab der fertigen Zeichnung bereits festlegen, aber dennoch im Maßstab 1 : 1 konstruieren. Die Maßstabszahl verwenden Sie, um die später maßstabsabhängige Beschriftung, das Schriftfeld und die Blattgröße auf den Maßstab 1 : 1, in dem Sie ja konstruieren, umzurechnen.

Ein Beispiel soll dies verdeutlichen:

Ein Schalplan soll im Maßstab 1 : 50 auf dem Papier erscheinen. Die Schriftgröße 2,5 mm im Plan ist dann in der maßstabslosen Zeichnung auf dem Bildschirm mit einer Höhe von 50 * 2,5 mm = 125 mm oder 12.5 cm zu zeichnen. Die Blattgröße DIN A 2 von 840 mal 594 mm wird bei diesem Zeichenmaßstab im Rechner in einer Größe von 42 mal 29,7 m abgebildet. Das Anpassen des Zeichnungsrahmens und das Festlegen der Zeichnungsgrenzen kann in AutoCAD mit dem Befehl "AUFBAU" erfolgen. Die Schriftgrößen müssen jedoch von Hand angepaßt werden. Die Größe der Bemaßungstexte kann man mit der Bemaßungsvariablen "BEMFKTR", die Maßzahlen selbst mit der Bemaßungsvariablen "BEMGFLA" den jeweiligen Erfordernissen anpassen, die im Folgenden noch ausführlich erläutert werden.

3.2.6. Prototypzeichnung

Im Laufe der Entwurfsarbeit am Rechner werden Sie feststellen, daß Sie einige wenige Plantypen bearbeiten, die sich immer wiederholen. Statt sich für jede Zeichnung eine neue Einstellung einzurichten, können Sie bequemer Ihre Anpassung an Maßstab und Zeichnungsnormen in einer Prototypzeichnung speichern. Solch eine Prototypzeichnung ist eine "leere" Zeichnung ohne Zeichnungselemente, mit der AutoCAD alle zeichnungsabhängigen Variablen auf der Platte speichert. Von AutoCAD wird eine Prototypzeichnung als ACAD.DWG zur Verfügung gestellt. Die darin enthaltenen Voreinstellungen sind für Bauzeichnungen nur teilweise geeignet und müssen den Normen für Bauzeichnungen angepaßt werden. Sie können sich an Hand

der Beispiele in diesem Buch eine eigene Voreinstellung erarbeiten und in
einer eigenen Prototypzeichnung speichern .

3.3.Positionieren

Will man eine Zeichnung aufs Reißbrett bringen, benutzt man Reißschiene
und Zeichendreieck als Werkzeug. Zum bequemeren Zeichnen kann man
unter das Transparentpapier eventuell noch einen Bogen Millimeterpapier
legen.

Um am Bildschirm eine Zeichnung aus ihren Elementen aufzubauen, benötigt man entsprechende Werkzeuge, denn man muß dem Rechner ja mittei-
len, an welcher Stelle ein neues Element gezeichnet werden soll. Man nennt
diesen Vorgang Positionieren. Die nächstliegende Möglichkeit ist das Positionieren mit dem Fadenkreuz auf dem Bildschirm. Das Fadenkreuz wird mit
den Pfeiltasten der Tastatur, der Maus oder dem Digitalisiertablett an die gewünschte Stelle auf dem Bildschirm bewegt, eine Taste betätigt, dies legt
dann den gewünschten Punkt auf der Zeichenfläche fest. Diese Eingabe ist
auch bei größter Sorgfalt für das Erstellen einer technischen Zeichnung zu
ungenau. Sie wird nur in Verbindung mit dem Hilfsmittel des Objektfangs angewandt, das Sie in diesem Kapitel noch kennenlernen werden.

3.3.1.Raster

Die meisten CAD-Programme bieten die Möglichkeit, den Arbeitsbereich mit
einem Raster von Gitterpunkten zu versehen. Dieses Raster können Sie als
ein unter die Bildschirmzeichenfläche gelegtes Millimeterpapier nutzen. Das
Raster wird mit dem Befehl "RASTER" auf dem Bildschirm sichtbar gemacht.

In der konventionellen Zeichentechnik müssen Sie versuchen, den Punkt auf
dem Millimeterpapier möglichst genau mit dem Stift zu treffen; beim Zeichnen am Bildschirm ist es möglich, das Fadenkreuz nur noch zwischen den
Rasterpunkten springen zu lassen. Mit dem Befehl FANG kann der Zeichnung auf dem Bildschirm ein unsichtbares Raster unterlegt werden, welches
das Fadenkreuz sich nicht mehr gleichmäßig über den Bildschirm bewegen
läßt, sondern in Sprüngen von Rasterpunkt zu Rasterpunkt. Konstruiert man

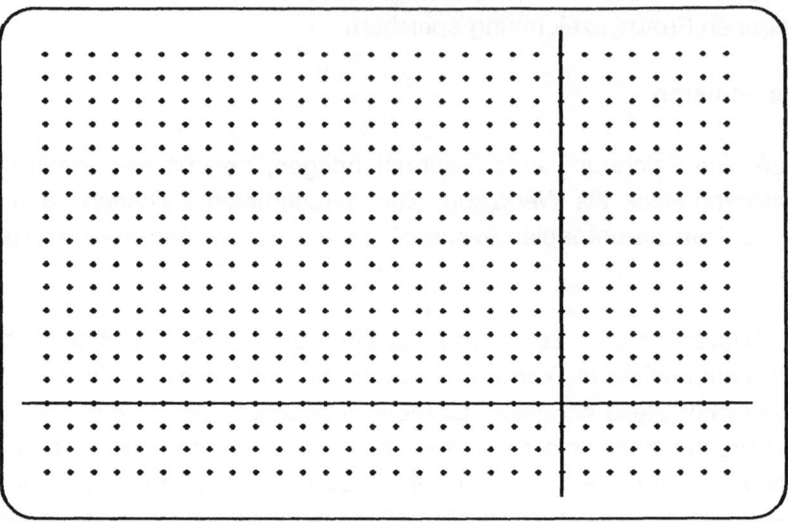

Bild 3.4: Raster und Fadenkreuz

in einem festen Raster, wie es beispielsweise durch die Modulordnung nach DIN 18000[2] vorgegeben sein kann, ist es vorteilhaft, Gitter und Fangraster auf das Rastermaß einzustellen und auf diese Weise mit dem Fadenkreuz die gewünschten Punkte exakt anzusprechen.

3.3.2. Horizontale und vertikale Linien

Die meisten Linien einer Bauzeichnung verlaufen parallel zu den Blattkanten. Sie lassen sich recht gut mit der angelegten Reißschiene zeichnen. Ähnliches läßt sich auf dem Bildschirm dadurch erreichen, daß man den sogenannten "Ortho-Modus" benutzt, den man bei AutoCAD mit der Funktionstaste "F8" ein- und ausschalten kann. In diesem Ortho - Modus werden nur noch Linien gezeichnet, die parallel zu einer der Koordinatenachsen sind.

3.3.3. Koordinaten

Auf dem Zeichenbrett können Sie mit Hilfe der Maßstäbe an Reißschiene und Zeichendreieck jeden beliebigen Punkt Ihres Zeichenblattes mit Koordi-

---

2) DIN 18000 1984

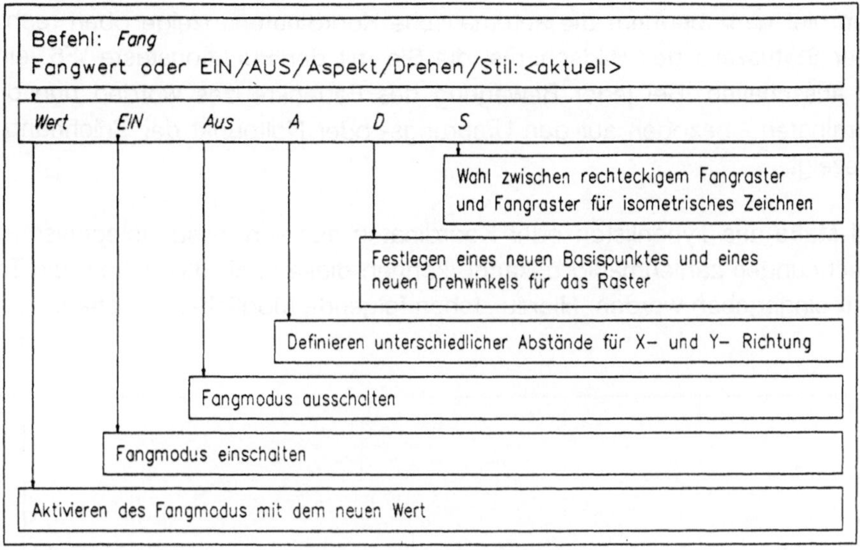

Tafel 3.4: Der Befehl "FANG"

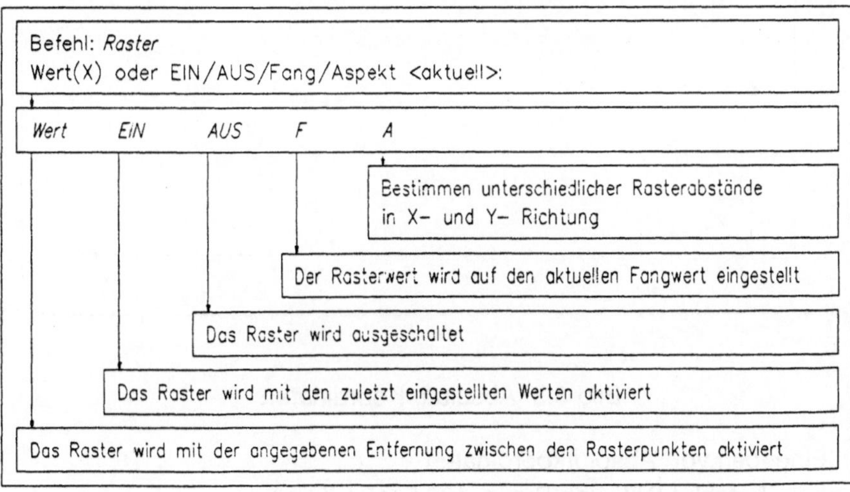

Tafel 3.5: Der Befehl "RASTER"

naten in Bezug auf eine Ecke dieses Blattes festlegen. Am Bildschirm hilft Ihnen hier ganz bequem die automatische Koordinatenanzeige oben rechts in der Statuszeile des Bildschirms, die Sie mit der Funktionstaste "F6" ein- und ausschalten. Bei jeder Bewegung des Fadenkreuzes werden nun die Koordinaten - bezogen auf den Ursprungs- oder Nullpunkt der Zeichnung - angezeigt.

Sind Maße aus Typenlisten oder Koordinaten aus vermessungstechnischen Berechnungen zahlenmäßig bekannt, können diese auch direkt über die Tastatur eingegeben werden. Hierzu stehen folgende Möglichkeiten offen:

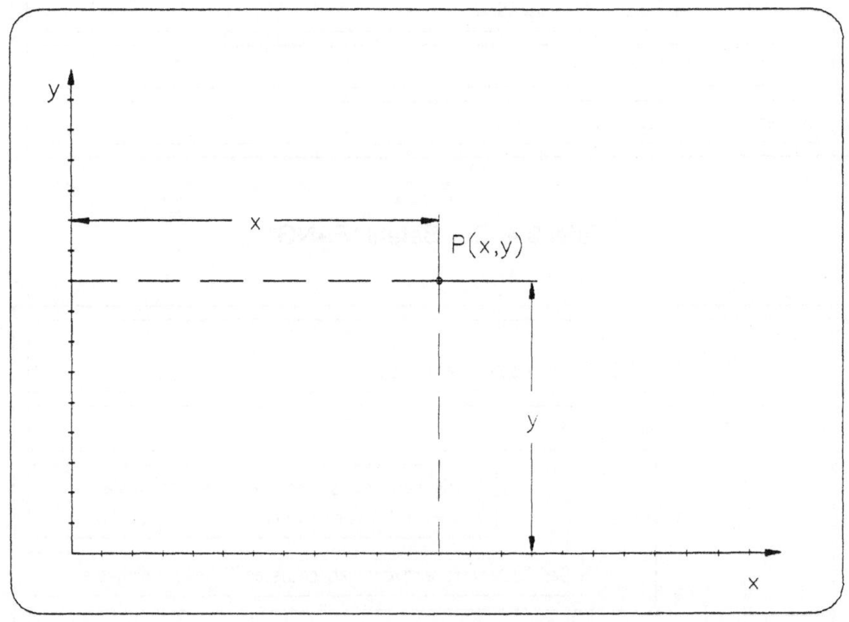

Bild 3.5: Absolute Koordinaten

- Eingeben von Absolutkoordinaten
  z.B.: Befehl: LINIE von Punkt: 100.5, 10.0 (x, y)
  nach Punkt: 200.5, 10.0 (x, y)
- Eingeben von Relativkoordinaten als kartesische Differenzwerte zu existierenden Punkten

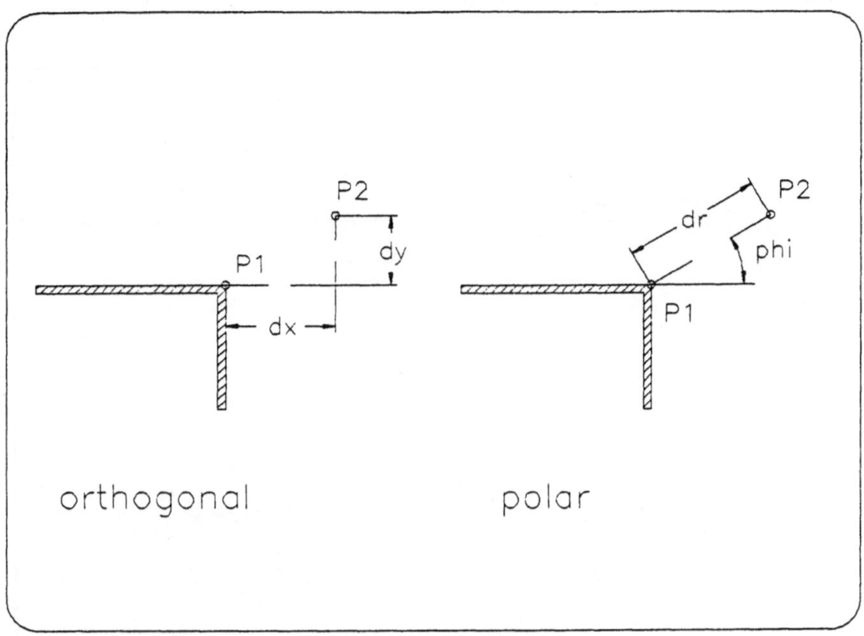

Bild 3.6 Relative Koordinaten

z.B.: nach Punkt: @ 25, 25 (dx, dy)
Das Zeichen "@" bezeichnet in AutoCAD den letzten konstruierten Punkt

- Eingeben von Differenzwerten in Form von Polarkoordinaten
z.B.: nach Punkt: @ 50 < 45 (dr, phi)
AutoCAD mißt den Winkel phi von der positiven X-Achse gegen den Uhrzeigersinn.

3.3.4. Konstruktionspunkte

In der Konstruktionspraxis sind die Koordinaten von Zeichnungspunkten nur zu Beginn des Zeichnungsaufbaus von Bedeutung, später entsteht eine Konstruktion durch das Aneinanderfügen von geometrischen Elementen. Will man zu zeichnende Elemente an bereits vorhandene anschließen, so muß man markante Punkte der bestehenden Elemente fassen können. Solche markanten Punkte sind beispielsweise:

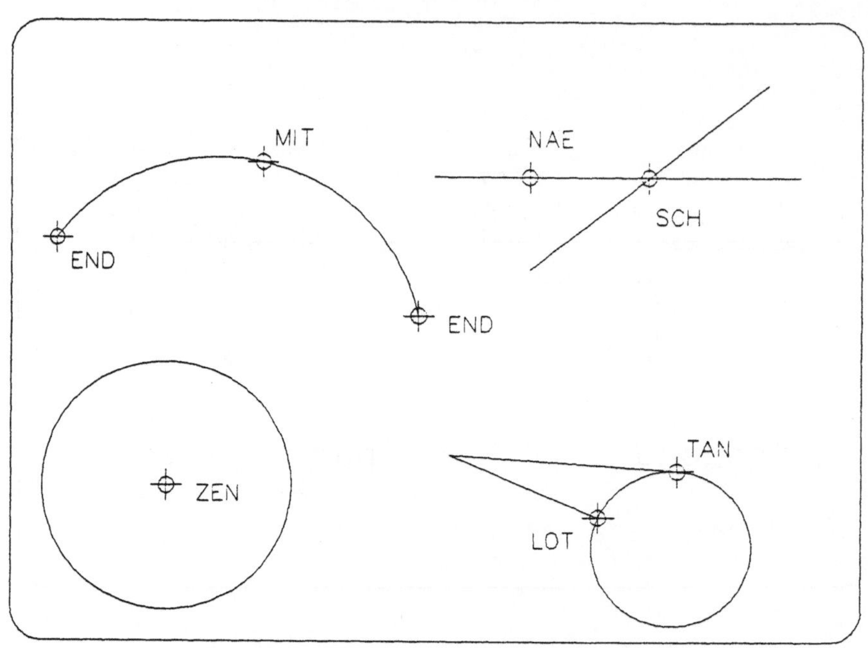

Bild 3.7: Konstruktionspunkte

Das Raster wird mit den zuletzt eingestellten Werten aktiviert
- END   Endpunkte von Linien und Bogen
- MIT   Mittelpunkt einer Linie oder eines Bogens
- SCH   Schnittpunkt zweier Linien oder Bogen
- LOT   Lot auf eine Linie oder einen Bogen
- TAN   Tangente an einen Bogen
- ZEN   Mittelpunkt eines Kreises
- NAE   Beliebiger Punkt auf Bogen oder Linie

Am Reißbrett setzen Sie den Stift möglichst genau an die gewünschte Stelle und beginnen eine neue Linie. Diese Genauigkeit reicht für eine technische Zeichnung völlig aus. Das rechnergestützte Zeichnen verlangt hier ein anderes Vorgehen. Hier muß der Anfangspunkt einer neuen Linie exakt an-gegeben werden, was allein durch Zeigen auf dem Bildschirm kaum zu errei-

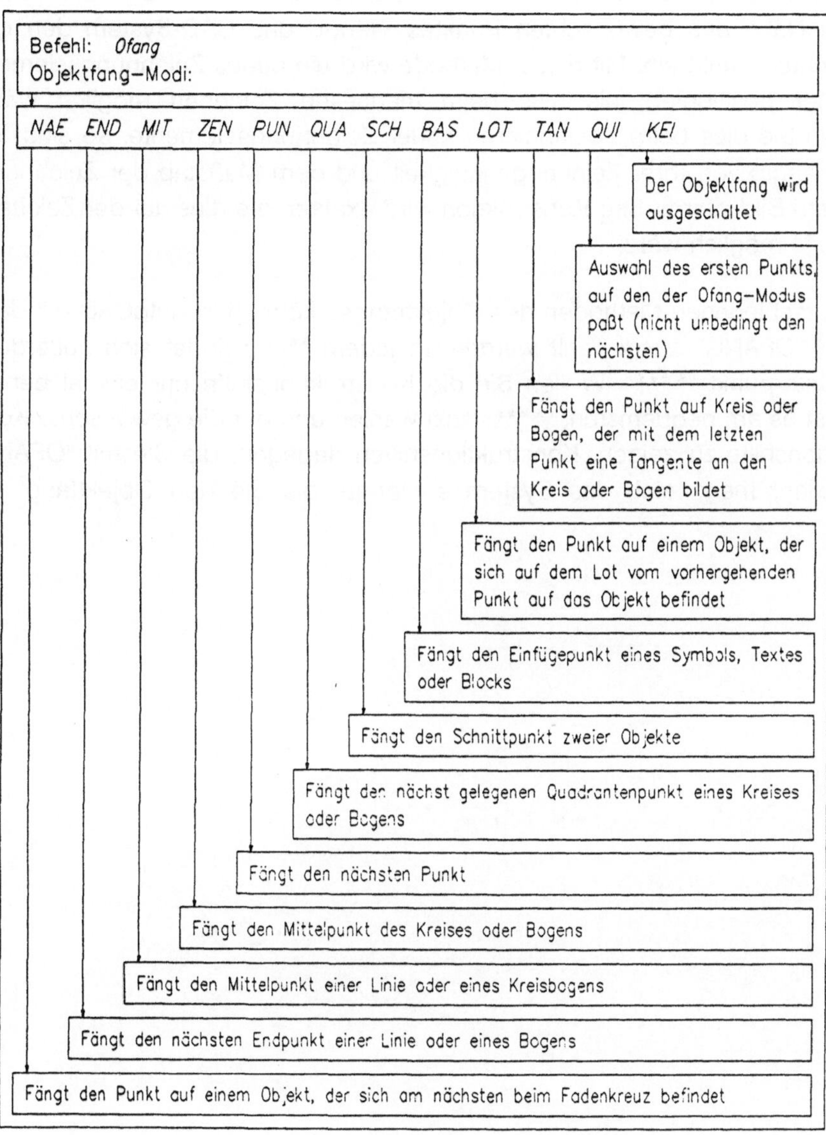

Tafel 3.6: Der Befehl "OFANG"

chen ist. Als Hilfe für das genaue Positionieren bieten die CAD-Systeme den Objektfang an, bei dem Sie angeben können, welchen der markanten Punkte Sie ansprechen wollen; zeigen Sie anschließend mit dem Fadenkreuz in die Nähe des gewünschten Punktes, "fängt" das CAD-System den gewünschten Punkt ein. Mit dieser Methode wird ein neues Zeichnungselement genauer positioniert, als dies beim manuellen Zeichnen möglich wäre. Nutzen Sie dies beim Positionieren neuer Zeichnungselemente, so sind Sie unabhängig von Ihrer Zeichengenauigkeit und dem Maßstab der Zeichnung auf dem Bildschirm. Ihre Konstruktion wird exakter, als dies auf der Zeichenfläche je möglich wäre.

Die verschiedenen Methoden des Objektfanges können in AutoCAD mit dem Befehl "OFANG" ausgewählt werden. In jedem Menü findet sich außerdem der Unterpunkt "****". Wollen Sie die Konstruktionshilfe nur einmal benutzen, ist es am bequemsten, "****" anzuwählen und auf die gewünschte Konstruktionshilfe zu zeigen. Konstruktionshilfen dagegen, die Sie mit "OFANG einstellen, merkt sich das System so lange, bis Sie den Objektfang mit

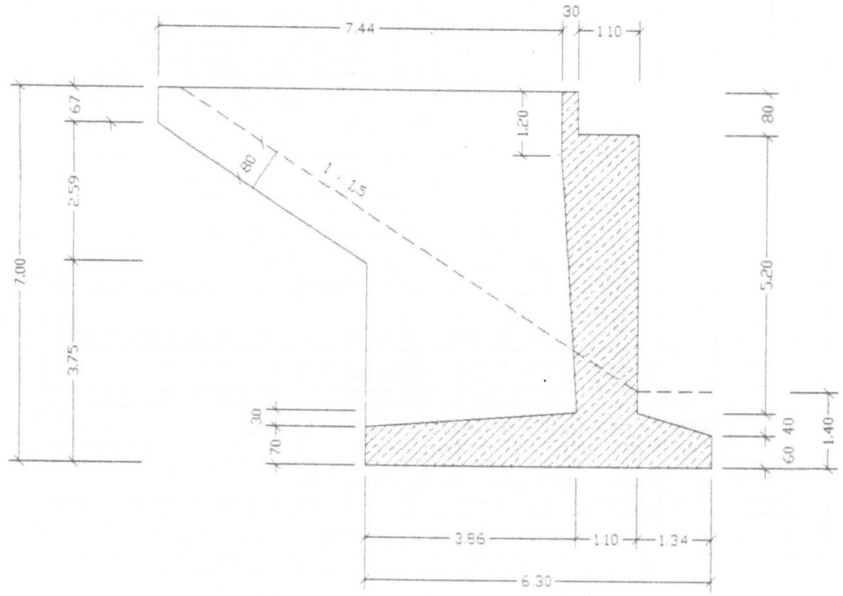

Bild 3.8: Brückenwiderlager

"OFANG KElner" wieder abstellen. In AutoCAD - Versionen ab 9.0 kann der Objektfang auch aus dem Abrollmenü "Werkzeuge" aufgerufen werden.

Die Größe des Fangfensters läßt sich mit dem Befehl "OEFFNUNG" verändern.

3.3.5. Beispiel

Für das folgende Beispiel sollten Sie sich den Zeichenbefehl "LINIE" aus dem nächsten Kapitel ansehen. Mit seiner Hilfe soll das abgebildete Brükkenwiderlager gezeichnet werden.

Die Zeichnung für das schraffierte Widerlager wird wie folgt aufgebaut:

Erster Schritt:

>Befehl: *Linie*
>von Punkt: *0, 0*
>nach Punkt: *6.30, 0.6*
>nach Punkt: *@ -1.34, 0.4*
>nach Punkt: *@ 5.20 90*
>nach Punkt: *@ 1.1 180*
>nach Punkt: *@ 0.8 90*
>nach Punkt: *@ 1.2 270*
>nach Punkt: *<Enter>*

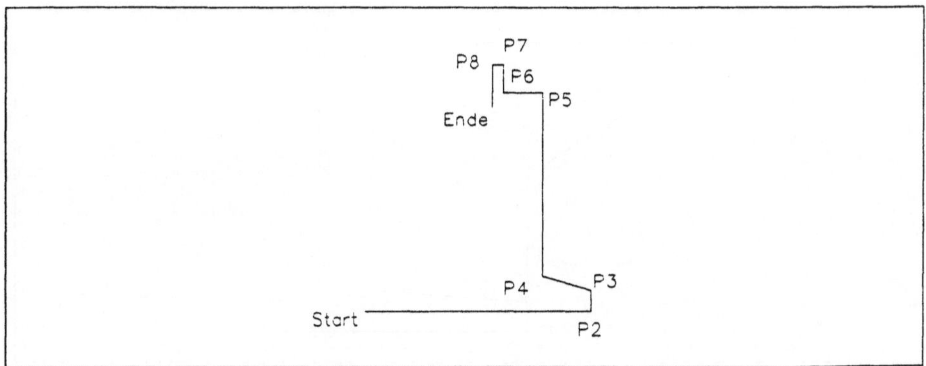

Bild 3.9: Schritt 1

Zweiter Schritt:

> Befehl: *Linie*
> von Punkt: *end* von:
> nach Punkt: *@ 0.7 90*
> nach Punkt: *@ 3.86, 0.3*
> nach Punkt: *end* von:
> nach Punkt: *<Enter>*

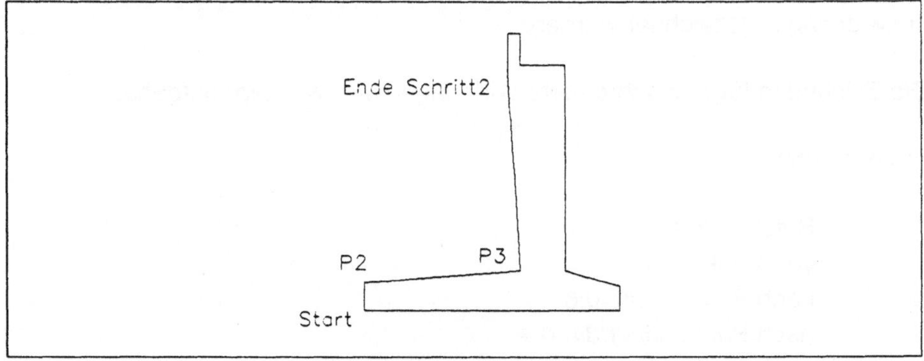

Bild 3.10: Schritt 2

Dritter Schritt: Die noch fehlende Flügelmauer sollte Sie nach dem bisher ge-
lesenen selbst zeichnen können.

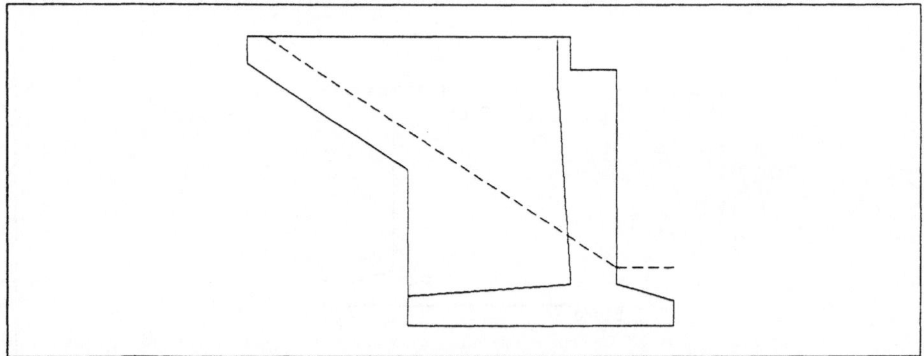

Bild 3.11: Schritt 3

3.4. Identifizieren

Auf dem Bildschirm lassen sich - anders als auf dem Reißbrett - schon gezeichnete geometrische Elemente noch verändern und manipulieren. Elemente lassen sich beispielsweise löschen, kopieren oder verschieben. Für
alle Operationen, die mit schon gezeichneten Elementen auf dem Bildschirm
vorgenommen werden sollen, ist Voraussetzung, daß sie identifiziert werden
können.

Folgende Identifizierungsmöglichkeiten sind in AutoCAD vorgesehen:

- Letztes:
  das zuletzt gezeichnete Element wird ausgewählt.
- Fenster:
  alle Elemente, die vollständig innerhalb des Fensters liegen, werden
  ausgewählt.
- Kreuzen:
  alle Elemente, die vom Auswahlfenster gekreuzt werden, werden aus-
  gewählt.
- Entfernen:
  entfernt die Elemente, die im folgenden angewählt werden, aus dem
  Auswahlsatz
- Hinzu:
  Umkehrung von Entfernen.
- Zurück:
  macht den letzten Auswahlschritt rückgängig.
- Box:
  kombiniert in einem Befehl die Möglichkeiten von "Kreuzen" und
  "Fenster". Liegt der zweite Fensterpunkt rechts vom ersten, wird mit
  "Fenster" ausgewählt, der zweite Punkt links vom ersten aktiviert die
  Auswahl "Kreuzen".
- Auto:
  mit "Auto" wird die automatische Auswahl aktiviert, die nach einem
  Zeichnungselement fragt. Falls der Punkt nicht auf einem Objekt liegt,
  wird er der erste Eckpunkt einer "Box", wie er oben beschrieben
  wurde.

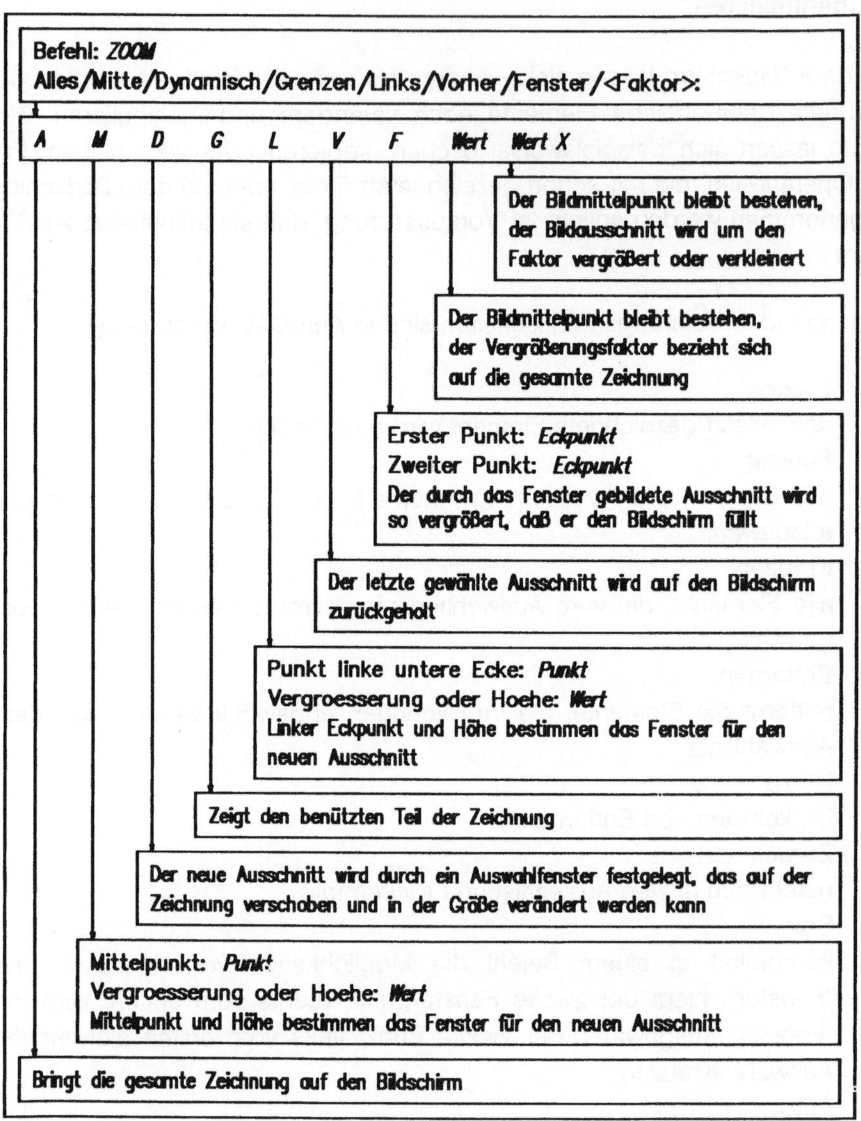

Tafel 3.7: Der Befehl "ZOOM"

Die ausgewählten Zeichnungselemente werden zu einem sogenannten Auswahlsatz zusammengefaßt. Das Programm meldet die Zahl der gefundenen, doppelt gefundenen Elemente wie auch das erfolglose Identifizieren in der Befehlszeile. Die Zeichnungselemente im Auswahlsatz werden optisch sichtbar hervorgehoben. Sie können den Auswahlsatz in beliebig vielen Schritten bilden. Die Auswahl brechen Sie ab, indem Sie auf die Systemanfrage mit der "Return-" oder Leertaste antworten.

3.5.Hilfsfunktionen

3.5.1.Ausschnittvergrößerung

Der Bildschirm von CAD-Systemen ist - verglichen mit den üblichen Zeichnungsformaten - relativ klein. Im Allgemeinen ist es nicht möglich, eine Bauzeichnung auf dem Bildschirm so darzustellen, daß jedes Detail deutlich sichtbar ist. Wollen Sie genau arbeiten, so werden Sie sich einen Ausschnitt der Zeichnung auf den Bildschirm vergrößern, als ob Sie mit einer Lupe arbeiteten. Diese Unbequemlichkeit wird durch die erweiterten Möglichkeiten des Vergrößerns mehr als ausgeglichen - Sie können mit ihrer Hilfe in der Konstruktionszeichnung einer Stahlhalle eine einzelne Schraubenverbindung bearbeiten. Zum Vergrößern von Ausschnitten dient der Befehl ZOOM.

3.5.2.Bildausschnitt verschieben

Wollen Sie mehrere Details einer Zeichnung im gleichen Darstellungsmaßstab auf dem Bildschirm bearbeiten, ist es einfacher, den Bildschirmausschnitt zu verschieben, als den zeitaufwendigen Umweg über die Gesamtzeichnung zu nehmen. Das Verschieben des Bildausschnittes ermöglicht der Befehl "PAN".

Der Befehl erwartet die Eingabe zweier Punkte, welche die Verschiebung bestimmen. Es sind alle Verfahren der Punktbestimmung anwendbar. Von Nutzen kann hier auch die Funktion "ORTHO" sein, welche eine horizontale oder vertikale Verschiebung erleichtert.

3.5.3.Benannte Zeichnungsausschnitte

Bei häufigem Ausschnittwechsel über größere Entfernungen wird auch die Verschiebung des Bildausschnittes mit dem Befehl "PAN" zu langsam. Noch rationeller lassen sich Ausschnitte mit dem Befehl "AUSSCHNT" wechseln. Hierfür geben Sie den Ausschnitten, die Sie häufig und schnell benötigen, einen Namen, unter dem Sie sie jederzeit wieder auf den Bildschirm holen können. Bearbeiten Sie beispielsweise einen Hausgrundriß, bietet es sich an, den Ausschnitten, welche je einen Raum auf dem Bildschirm darstellen, einen entsprechenden Namen wie "Küche, Wohnzimmer" o.ä. zu geben. Eine weitere Möglichkeit ist die Einteilung einer Zeichnung im Maßstab DIN A 2 in vier Ausschnitte "links oben, links unten, rechts oben, rechts unten".

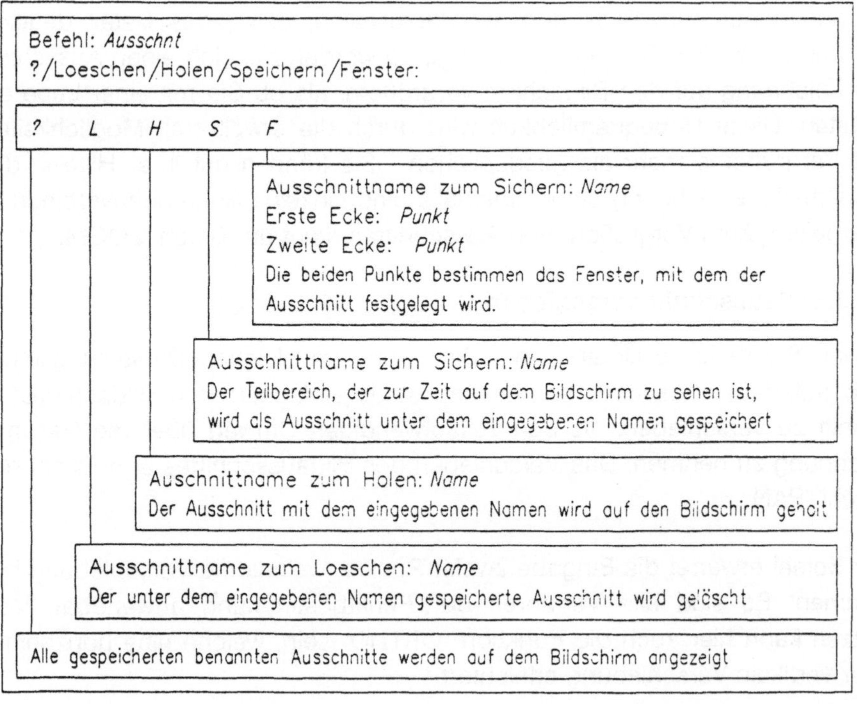

Tafel 3.8: Der Befehl "AUSSCHNT"

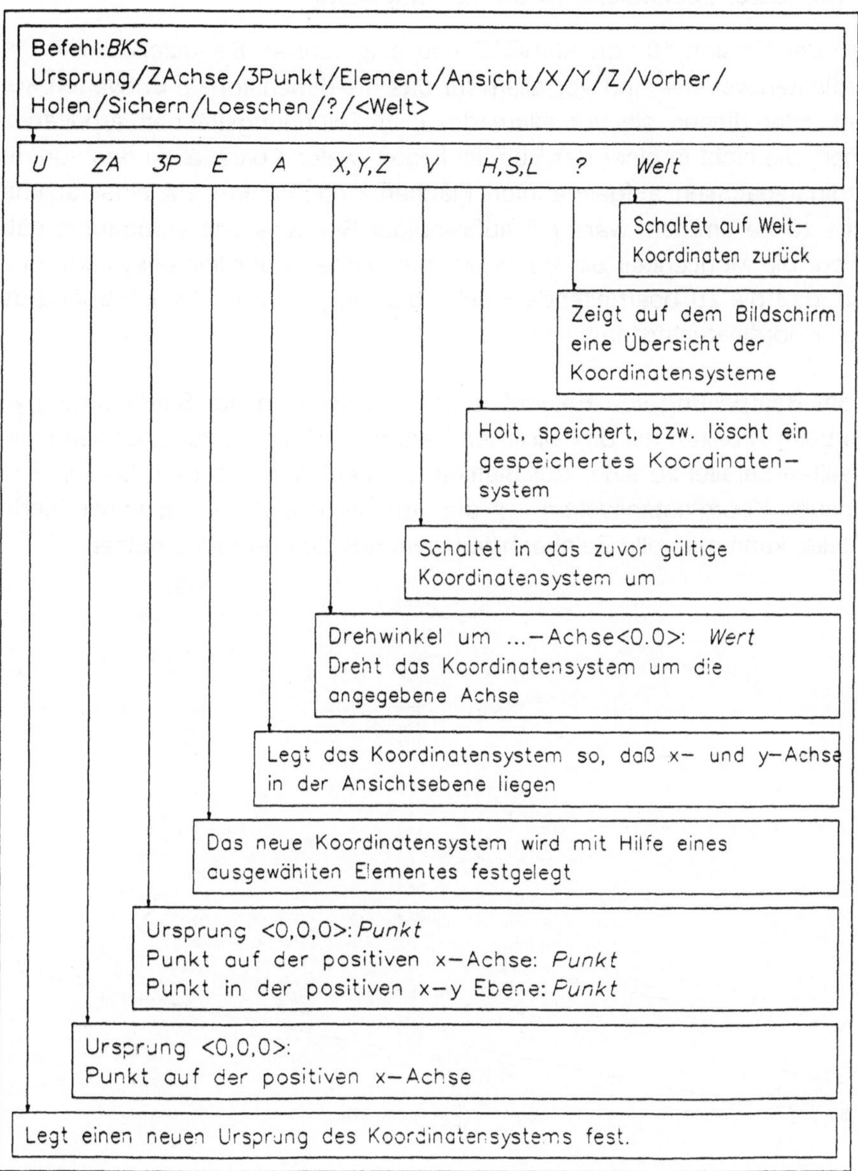

Tafel 3.9: Der Befehl "BKS"

3.5.4.Benutzer-spezifische Koordinatensysteme

Die in der Version 10 von AutoCAD neu eingeführten Benutzer-spezifischen
Koordinatensysteme sind vor allem für das dreidimensionale Entwerfen kon-
zipiert. Hier dienen sie vor allem dazu, in Zeichnungsflächen arbeiten zu
können, die nicht in einer der Ebenen liegen, welche parallel zu den von den
Koordinatenachsen aufgespannten Flächen sind. Punkte auf einer solchen
Fläche zu bestimmen, wäre mit aufwendiger Rechenarbeit verbunden, gäbe
es nicht die Möglichkeit ein Benutzer-spezifisches Koordinatensystem so zu
legen, daß die zu bearbeitende Fläche beispielsweise in der x-y-Ebene des
neuen Koordinatensystems liegt.

Bei der Bearbeitung von Entwürfen aus dem Bereich der Stadtplanung wie
auch beim Arbeiten mit digitalisierten Karten, sind die zu zeichnenden Linien
nur selten parallel zu einer der Blattkanten. Legt man mit dem Befehl "BKS"
ein neues Koordinatensystem auf die Grundlinie der neu zu entwerfenden
Planteile, kann man alle Zeichenhilfen etwa des Ortho-Modus nutzen.

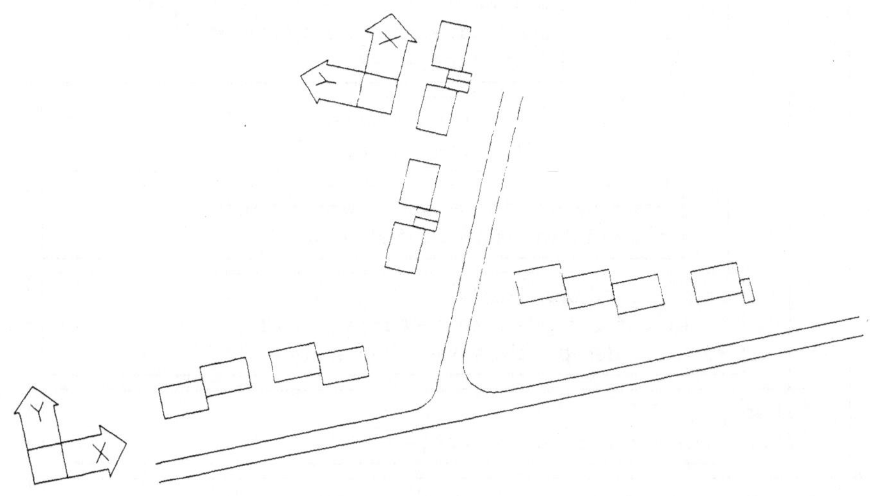

Bild 3.12: Verschiedene Koordinatensysteme

3.5.5. Neuzeichnen und Regenerieren der Zeichnung

Die Ausführung von Zeichenbefehlen hinterläßt auf dem Bildschirm Spuren in Form von Konstruktionspunkten, das Löschen von Objekten unterbricht die Bildschirmdarstellung anderer nicht mit gelöschter Objekte. Nach einiger Zeit der Zeichenarbeit wird es nötig, den Bildschirm zu bereinigen und wieder den aktuellen Zeichnungszustand auf dem Bildschirm zu holen.

Der Befehl "NEUZEICH" löscht den Bildschirm und bringt die im Videospeicher enthaltenen Zeichnungsinformationen in einem sehr schnellen Bildaufbau auf den Bildschirm zurück.

Der Befehl "REGEN" regeneriert die ganze Zeichnung; die Bildschirmdarstellung wird aus den Zeichnungsdaten neu berechnet. Dies kann bei großen Zeichnungen einen erheblichen Zeitaufwand bedeuten.

3.5.6. Transparente Ausführung der Befehle

Wenn Sie sehr lange Linien zeichnen wollen, die - beispielsweise bei einer Stahlkonstruktion - sehr genau angeschlossen werden müssen, bereitet die Größe und geringe Auflösung des Bildschirms Probleme. Einerseits müssen Sie um Details genau zu erkennen eine hohe Ausschnittvergrößerung wählen, andererseits brauchen Sie um die lange Linie ziehen zu können die Übersicht über einen größeren Teil der Zeichnung. Hier ist es sehr hilfreich, daß Sie während der Ausführung eines Zeichenbefehls einen der drei oben genannten Befehle "ZOOM", "PAN" und "AUSSCHNT" ausführen können. Man nennt diese Art der geschachtelten Befehlsausführung "transparent". In AutoCAD können die transparenten Befehle durch das Voranstellen eines Apostrophs "'" aufgerufen werden.

3.5.7. Mehrfache Ansichtsfenster

Mit der Version 10 von AutoCAD erhält der Konstrukteur die Möglichkeit, den Bildschirm in einzelne "Fenster" zu unterteilen. In diesen Bildschirmfenstern können dann je nach Anwendungsfall unterschiedliche Ansichten einer dreidimensionalen Konstruktion eingeblendet werden. Damit wird die Konstruktion eines dreidimensionalen Körpers auf dem nur zweidimensionalen Bildschirm ein ganzes Stück leichter. Die Konstruktionsarbeit läßt sich auch dadurch vereinfachen und beschleunigen, daß man in unterschiedlichen Bildschirmfenstern verschiedene Ausschnitte zusammen mit einer Gesamtübersicht darstellt.

Zum Aufteilen der Bildschirmzeichenfläche dient der Befehl "AFENSTER".

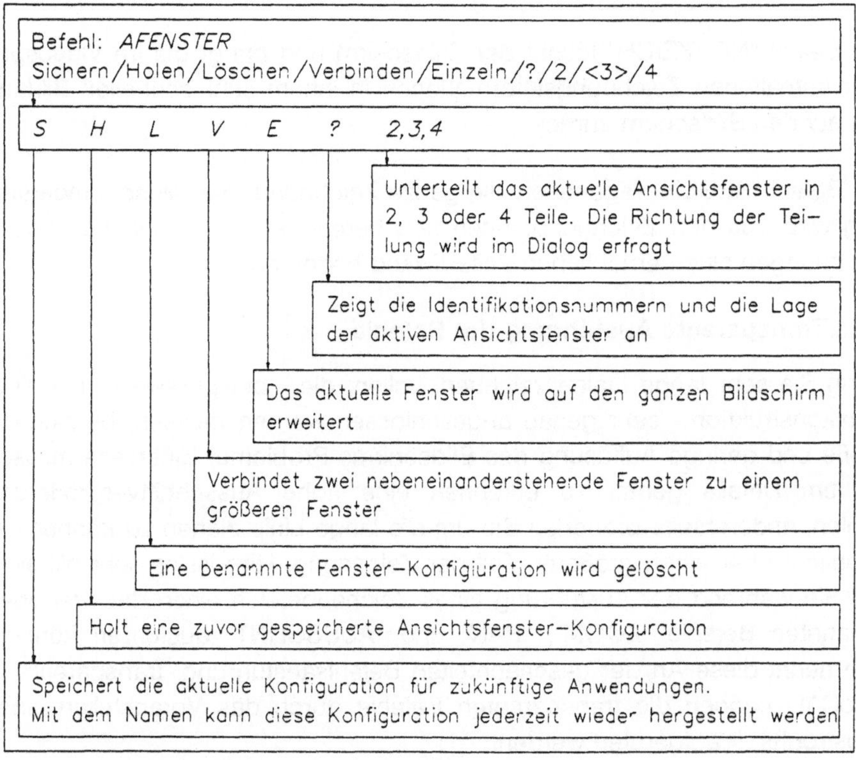

Tafel 3.10: Der Befehl "AFENSTER"

Die folgende Abbildung zeigt verschiedene mögliche Aufteilungen des Bildschirms in Ansichtsfenster. Der Unterteilung sind durch die Größe und Auflösung des Bildschirms allerdings Grenzen gesetzt, die man in der praktischen Arbeit an der eigenen Gerätekombination ausprobieren muß. Auch die Bild-

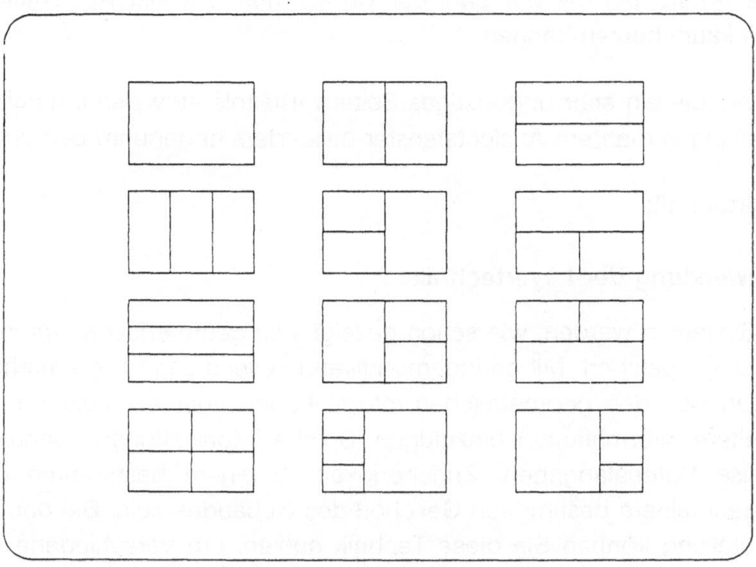

Bild 3.13: Konfigurationen von Ansichtsfenstern

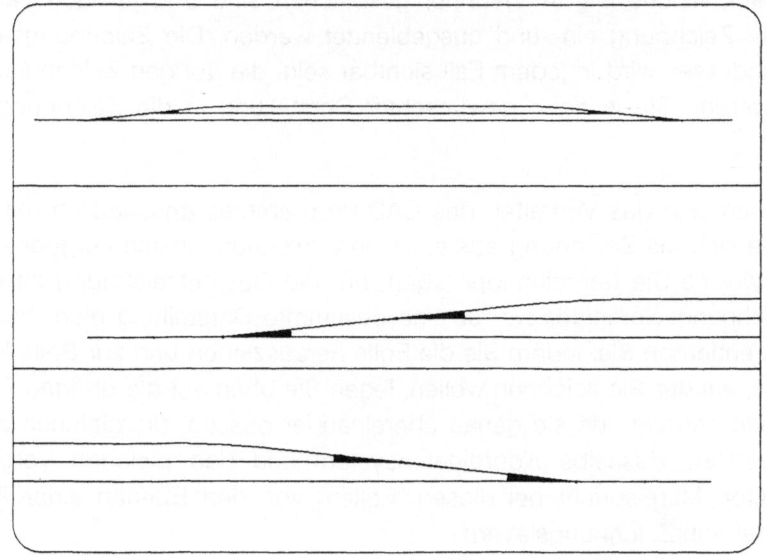

Bils 3.14: Ausschnitte einer Zeichnung in Fenstern

aufbauzeiten steigen mit der Zahl der Bilder, mehr als vier Ansichtsfenster wird man kaum nutzen können.

Bei Plänen, die ein sehr ungünstiges Seitenverhältnis aufweisen, macht sich die Aufteilung in mehrere Ansichtsfenster besonders angenehm bemerkbar.

3.6.Layertechnik

3.6.1.Anwendung der Layertechnik

In CAD-Systemen werden, wie schon gezeigt, alle geometrischen Informationen digital gespeichert. Mit geringem Aufwand seitens des Programmherstellers lassen sich den geometrischen Informationen über ein Zeichnungselement weitere Informationen hinzufügen. Solche Informationen könnten beispielsweise Materialangaben, Zugehörigkeit zu einem bestimmten Bauteil oder Lage in einem bestimmten Geschoß des Gebäudes sein. Bei der Zeichnungserstellung können Sie diese Technik nutzen, um verschiedene Bildinhalte zu trennen. So können in einer CAD-Zeichnungsdatei Grundrißzeichnung, Schalplan, Bewehrungsplan, Installationsplan und Einrichtungsplan enthalten sein. Diese Zeichnungen setzen sich aus verschiedenen Ebenen zusammen, welche alle im Rechner gespeichert sind und je nach Verwendung der Zeichnung ein- und ausgeblendet werden. Die Zeichnungsebene des Grundrisses wird in jedem Fall sichtbar sein, die übrigen Zeichnungselemente werden Sie je nach gewünschter Darstellung in die Zeichnung aufnehmen.

Sie können sich das Verhalten des CAD-Programmes anschaulich machen, wenn Sie sich die Zeichnung aus einzelnen Zeichnungsfolien aufgebaut vorstellen, welche Sie übereinander legen, um die Gesamtzeichnung zu erhalten. Zeichnungselemente, die für eine bestimmte Darstellung nicht benötigt werden, entfernen Sie, indem Sie die Folie herausziehen und zur Seite legen. Die Folie, auf der Sie zeichnen wollen, legen Sie oben auf die übrigen Folien. Alle Folien besitzen, da sie genau übereinander passen, die gleichen Zeichnungsgrenzen, dasselbe Koordinatensystem und den gleichen Vergrößerungsfaktor. Man spricht bei diesen "Folien" von den Ebenen einer Zeichnung oder von Zeichnungslayern.

Layer erhalten zu ihrer Unterscheidung in AutoCAD einen Namen, den Sie so sinnvoll wählen sollten, daß die Verwendung aus dem Namen erkennbar ist. Bei Projekten, die aus mehreren Zeichnungen bestehen und eventuell von mehreren Zeichnern bearbeitet werden, ist es sinnvoll, sich vor Projektbeginn auf eine einheitliche Layerstruktur und einheitliche Namen für die Layer festzulegen.

Zeichnen kann man immer nur auf der obersten Folie, dieser entspricht beim Zeichnen am Bildschirm der aktuellen Layer. Verändern allerdings - und hier stimmt das Bild mit den Zeichenfolien nicht ganz - können Sie auch Zeichnungselemente auf den tiefer liegenden Folien.

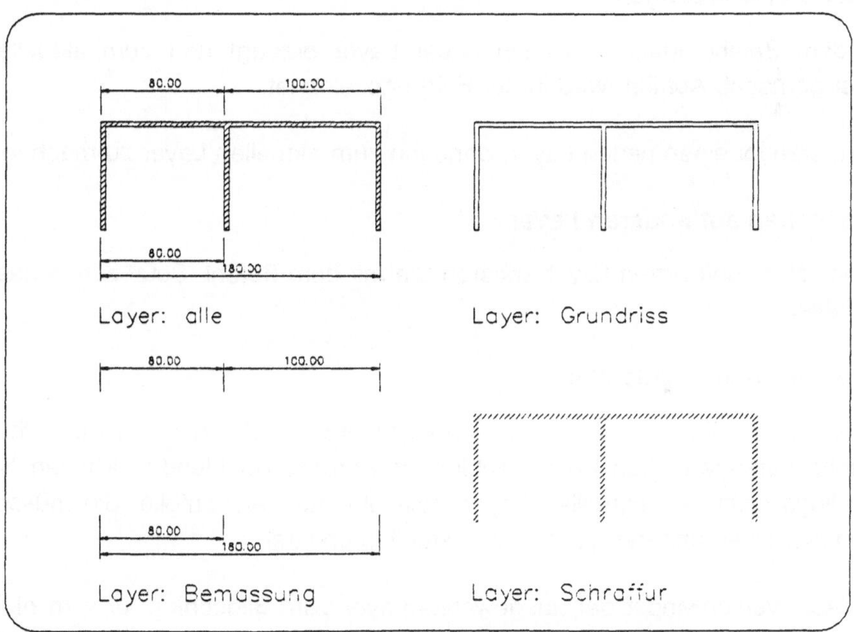

Bild 3.15: Layertechnik

So sehr dieses Erzeugen verschiedener Pläne aus einer Zeichnung die Arbeit vereinfachen kann, verlangt es doch eine genaue Vorplanung. Die Aufteilung in Zeichnungsebenen muß vor Beginn der Arbeit festgelegt sein und möglichst bei allen vergleichbaren Projekten beibehalten werden. Dies ist nicht nur dann erforderlch, wenn mehrere Bearbeiter an einem Projekt

beteiligt sind. Verwenden Sie als Namen für die Zeichnungsebenen Bezeich-
nungen, die Rückschlüsse auf den Inhalt der Ebene zulassen, so finden Sie
sich in der Organisation des Zeichnungsaufbaus leichter zurecht.

3.6.2.Arbeiten mit Layern

Übersicht der Layer

Bei Eingabe von "?" zeigt AutoCAD eine Liste der in der Zeichnung definierten Layer. Dabei werden Name, Status (Ein/Aus) Farbe und Linientyp der
Layer angezeigt.

Neuen Layer erzeugen

Mit dem Befehl "Mach" wird ein neuer Layer erzeugt und zum aktuellen
Layer gemacht. Auf ihm wird in der Folge gezeichnet.

"Neu" erzeugt einen neuen Layer, ohne ihn zum aktuellen Layer zu machen.

Umschalten auf anderen Layer

Einen schon definierten Layer erklären Sie mit dem Befehl "Setz" zum aktuellen Layer.

Layer ein- und ausblenden

Layer, deren Informationen nicht benötigt werden, oder die den Bildaufbau
unnötig verzögern, können ausgeblendet werden. Ausblenden können Sie
allerdings nicht den aktuellen Layer - die oberste Zeichenfolie, Sie müssen
dann erst einen anderen Layer zum aktuellen erklären.

Mit "Aus" verschwindet der ausgewählte Layer vom Bildschirm, er wird nicht
mehr angezeigt. Alle Informationen über diesen Layer bleiben erhalten und
können mit "Ein" wieder abgerufen werden.

Das Ausschalten unterdrückt nur die Anzeige des Layers auf dem Bildschirm, seine Zeichnungselemente werden beim Regenerieren der Zeichnung nach wie vor berechnet. Wollen Sie das Regenerieren der Zeichnung
beschleunigen, so schalten Sie den Layer mit "FRieren" aus, die Zeichnungselemente dieses Layers sind dann "eingefroren", sie werden weder neu be-

rechnet noch angezeigt. "Tauen" macht das Einfrieren des Layers wieder rückgängig.

Zuordnen von Zeichnungsattributen zu Layern

Die Übersichtlichkeit der Bildschirmdarstellung läßt sich erhöhen, wenn Sie den Layern unterschiedliche Farben oder Linientypen zuordnen.

- "Ltyp" legt den Linientyp fest,
- "Farbe" bestimmt die Farbe,

mit denen die neuen Objekte auf diesem Layer gezeichnet werden. Beim Plotten können Sie dann den Farben auf dem Bildschirm unterschiedliche Stifte des Plotters - entweder ebenfalls in unterschiedlichen Farben oder auch in unterschiedlichen Strichstärken - zuordnen.

4. Geometrische Grundkonstruktionen

Wenn Sie am Reißbrett eine Zeichnung erstellen, so bauen Sie diese Linie für Linie und Zeichen für Zeichen zunächst in Bleistift, später in Tusche auf. Wie eine Zeichnung auf Transparentpapier, setzt sich auch eine Zeichnung auf dem Bildschirm aus einzelnen Elementen zusammen: Linien, Kreise, Texte, Maßketten. Man unterscheidet hier die geometrischen Elemente Linie, Punkt, Kreis, Kreisbogen und die komplexen Elemente einer Zeichnung wie Bemaßung, Schraffur und Beschriftung.

Im ersten Abschnitt werden Sie sehen, wie man die einfachen geometrischen Elemente wie Linie, Kreis und Bogen auf dem Bildschirm konstruieren kann.

Im Gegensatz zum Zeichnen mit Tusche auf Papier ist auf dem Bildschirm das Verändern schon gezeichneter Elemente möglich, ohne Radiergummi oder -messer zu benutzen. Sie zeichnen ja nur "mit Elektronen auf Phosphor". Das Erzeugen neuer Zeichnungselemente aus schon vorhandenen ist am Bildschirm eine durchaus übliche Arbeitstechnik, die Sie im zweiten Abschnitt kennenlernen werden.

Der dritte Abschnitt wird Ihnen in Fortsetzung dieses Gedankens zeigen, wie leicht Sie schon gezeichnete Elemente auf dem Bildschirm verändern - spiegeln, dehnen, stutzen oder drehen können. Sie werden sehen, daß diese Möglichkeiten zu einer anderen Zeichenmethodik führen, die den computergestützten Entwurf wesentlich von der konventionellen Zeichentechnik unterscheidet.

Die sogenannten Zeichnungselemente, Bemaßung, Schraffur und Beschriftung entsprechen nur noch in ihrem Aussehen den Elementen einer Zeichnung auf Papier. Bei ihnen ist der Vorzug des rechnergestützten Zeichnens besonders deutlich zu erkennen, wie Sie im nächsten Kapitel sehen werden.

4.1. Geometrische Elemente erzeugen

4.1.1. Punkte

In einem CAD - System spielt der Punkt als eigenständiges Zeichnungselement nur eine untergeordnete Rolle. Er findet beispielsweise in der Bauvermessung, wo einzelne markante Punkte eingemessen werden, Verwendung. Da die Punkte dann meist mit Linien verbunden werden, tritt er in der fertigen Zeichnung kaum mehr in Erscheinung.

In AutoCAD besteht die Möglichkeit, Punkte zu zeichnen mit dem Befehl "PUNKT". Die Koordinaten eines Punktes können auf die gleiche Weise eingegeben werden, wie die im folgenden Abschnitt erläuterten Endpunkte einer Linie.

4.1.2. Punktdarstellung in der Zeichnung

Punktsymbol

AutoCAD kann einen Punkt unterschiedlich darstellen. Die Systemvariable PDMODE steuert die Art des Punktsymbols. Hat PDMODE den Wert

> 0, zeichnet AutoCAD einen "Pixel" an der Stelle des Punktes
> 1, zeichnet AutoCAD nichts,
> 2, zeichnet AutoCAD ein Kreuz an der Stelle des Punktes,
> 3, wird ein liegendes Kreuz durch den Punkt gezeichnet und bei
> 4 ein kurzer senkrechter Strich über dem Punkt.

Wird zu einem dieser Werte 32 addiert, wird ein Kreis um den Punkt gezeichnet, addiert man 64 zu dem Wert, zeichnet das System ein Quadrat um den Punkt.

Größe des Punktsymbols

Über die Systemvariable PDSIZE läßt sich die Größe des Punktsymbols verändern.

Befehl: *Punkt*
Punkt:

Punkt *.x* *.y* *.z* *.xy* *.xz* *.yz*

Beim Zeichnen von Punkten im Raum kann der neue Punkt mit dieser Option in die Ebene eines schon gezeichneten Punktes gelegt werden

Mit dieser Form des Koordinatenfilters kann für die Konstruktion eines neuen Punktes der X- oder Y-Wert eines schon konstruierten Punktes übernommen werden

Der Punkt wird gezeichnet

Tafel 4.1: Der Befehl "PUNKT"

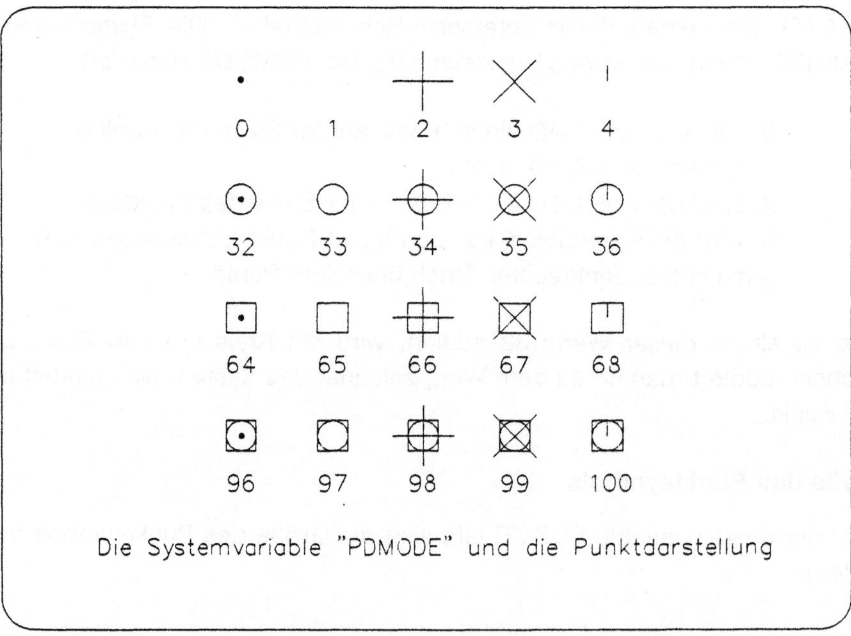

Bild 4.1: Punktsymbole

Die beiden Systemvariablen werden mit Hilfe des Befehls SETVAR verändert,
die Sie im MODI- Menü finden, über die Tastatur verändern Sie die Systemvariablen in folgendem Dialog:

> Befehl: *setvar*
> Variablenname oder ?: *pdmode*
> Neuer Wert für PDMODE < alter Wert >: *Wert*

Da die beiden Variablen immer die ganze Zeichnung beeinflussen, werden
stets alle Punkte in einer Zeichnung gleich dargestellt.

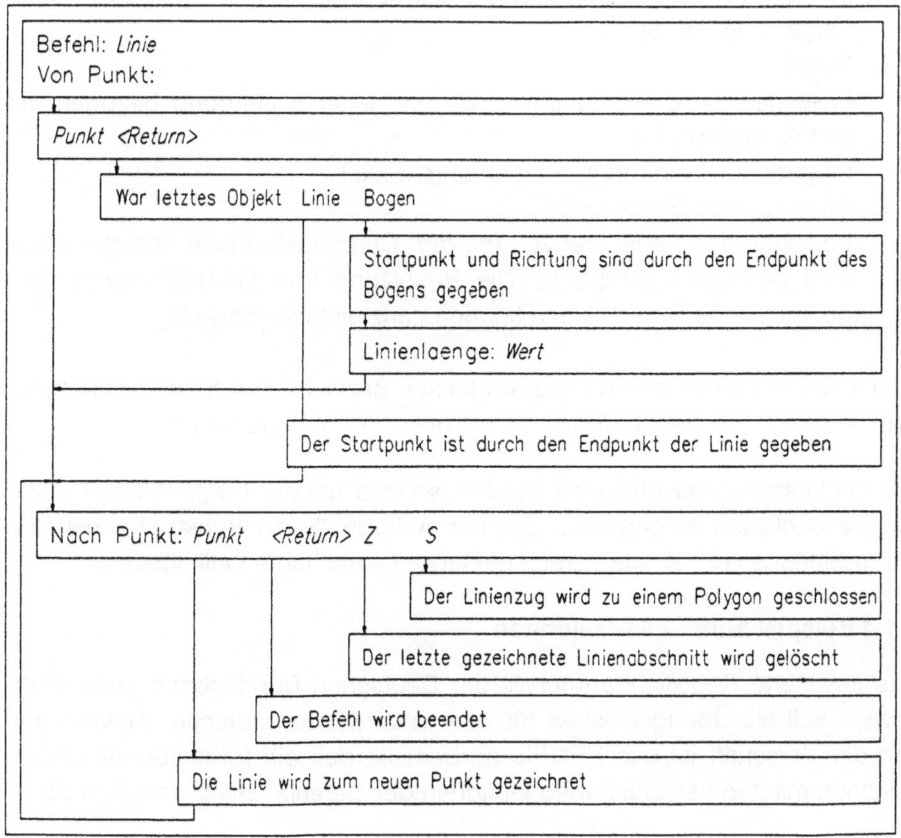

Tafel 4.2: Der Befehl "LINIE"

4.1.3. Linie

Mit dem Befehl "LINIE" werden gerade Linien und Linienzüge gezeichnet.

Nach Aufruf des Befehls muß ein Anfangspunkt eingegeben werden, danach bestehen vier Möglichkeiten zur Konstruktion.

- Absolute Koordinaten:
  Eingabe der Koordinaten des Endpunktes.
  Eingabe: x, y
- Relative Koordinaten:
  Eingabe der Koordinatendifferenz zum Endpunkt
  Eingabe: @ dx, dy
- Polar:
  Festlegen eines Richtungswinkels und einer Entfernung bezogen auf den Anfangspunkt.
  Eingabe: @ Entfernung < Richtungswinkel
- Anpicken des Endpunkts:
  Bewegen des Fadenkreuzes mit den Cursortasten bzw. mit der Maus zum gewählten Endpunkt. Die Benutzung von OFANG macht viele geometrische Grundkonstruktionen ganz einfach möglich

Wollen Sie mit einer neuen Linie am letzten gezeichneten Element anschließen, so geben Sie bei der Frage "Von Punkt:" "W" wie weiter ein.

Soll ein Linienzug geschlossen werden, so wird bei der Frage "Nach Punkt:" "S" wie schließen eingegeben. Bei der Anfrage "Nach Punkt:" können Sie durch Eingabe von "Z" wie zurück die letzte gezeichnete Linie löschen.

4.1.4. Beispiel zum Linienzeichnen

Das erweiterte Regellichtraumprofil der Deutschen Bundesbahn nach Matthews [1] soll als Übungsbeispiel für das Linienzeichnen dienen. Abweichend von der Vorschrift ist das PROFIL so bemaßt, daß ein fortlaufendes Linienzeichnen mit den verschiedenen Optionen des Befehls "LINIE" möglich ist.

---

1) Matthews 1986

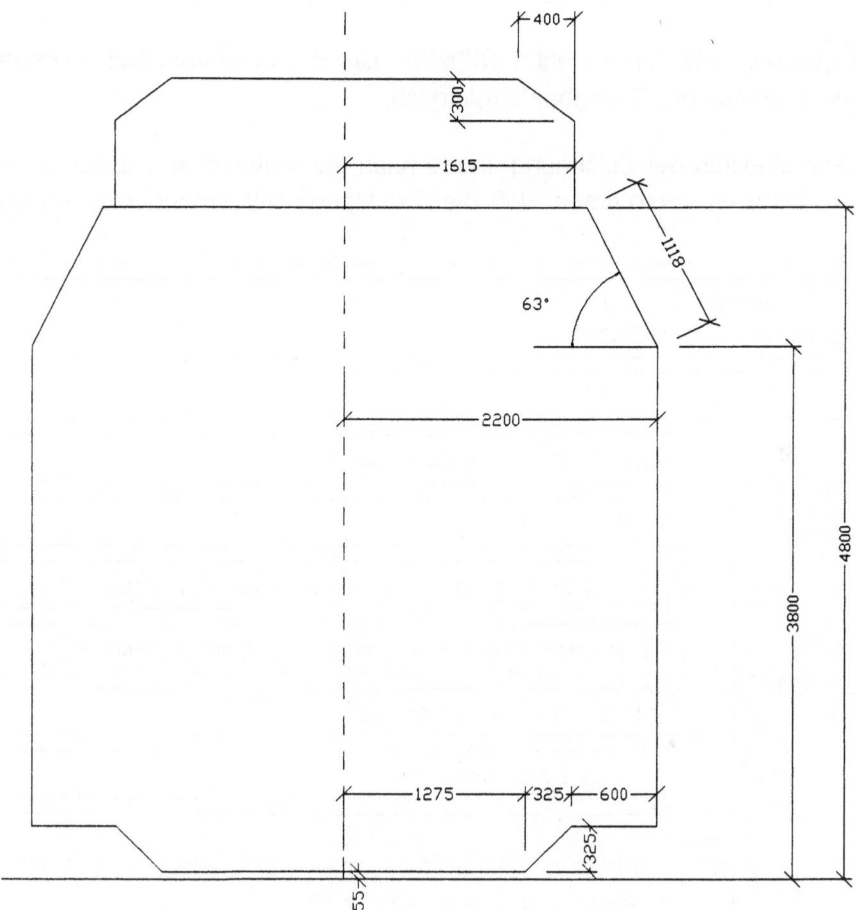

Bild 4.2: Beispiel zum Befehl "LINIE"

4.1.5.Linienarten

AutoCAD speichert die Definitionen verschiedener Linienarten in Bibliotheks-
dateien, was die Möglichkeit eröffnet, bei Bedarf neue Linientypen zu definieren. Eine Linienart müssen Sie aus der Bibliotheksdatei in die Zeichnung

laden, bevor Sie ihn verwenden können. In einem zweiten Schritt wählen Sie
einen der geladenen Linientypen als aktuellen Linientyp aus.

Dies geschieht mit dem Befehl "LINIENTP". Der Befehl ist vom Bildschirmmenü wie auch aus der Dialogbox zugänglich.

Je nach Maßstab der Zeichnung und je nach der Maßeinheit, mit der Sie arbeiten, kann es vorkommen, daß die Strichlänge der strichpunkierten und

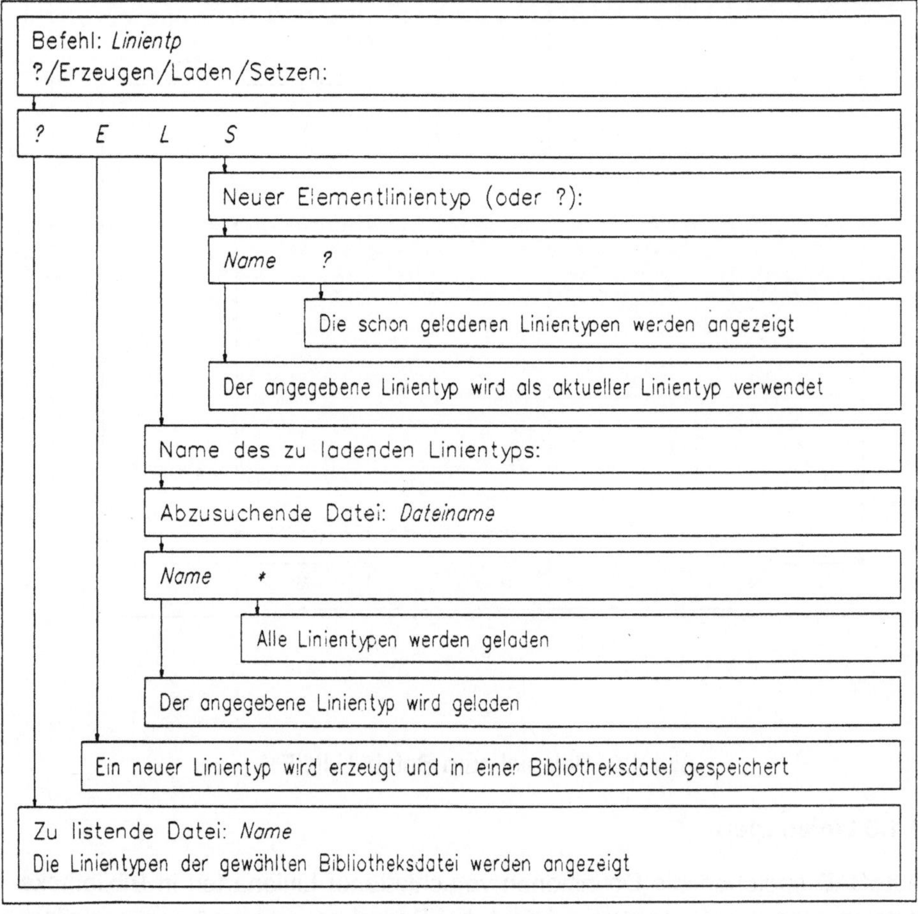

Tafel 4.3: Der Befehl "LINIENTP"

gestrichelten Linien zu groß oder zu klein sind. Sie können dies mit dem Befehl "LTFAKTOR" aus dem MODI-Menü heraus ändern.

```
Ausgezogen      ________________________________________________

Gestrichelt     — — — — — — — — — — — — — — — — — — — —

Verdeckt        ------------------------------------------------

Mitte           — - — - — - — - — - — - — - — - — - —

Phantom         — - - — - - — - - — - - — - - — - - —

Punkt

Strichpunkt     - - — - - — - - — - - — - - — - - — - -

Rand            — - — - — - — - — - — - — - — - — - —

Getrennt        —  —  —  —  —  —  —  —  —  —  —  —  —  —


             Die Linientypen der Datei ACAD.LIN
```

Bild 4.3: Linienarten

4.1.6.Kreis

Der Befehl "KREIS" dient zum Zeichnen von geschlossenen Kreisen. AutoCAD kennt fünf Möglichkeiten, den Kreis festzulegen.

- MITtelpunkt, RADius
- bzw. MITtelpunkt, DURchmesser
  Die Lage des Mittelpunkts muß eingegeben werden, danach erfolgt durch Eingabe von RADIUS bzw. DURCHMESSER das Zeichnen des Kreises.
- 2 PUNKTE
  Festlegung des Kreisdurchmessers durch zwei eingegebene Punkte, die auf dem Kreis einander gegenüber liegen.

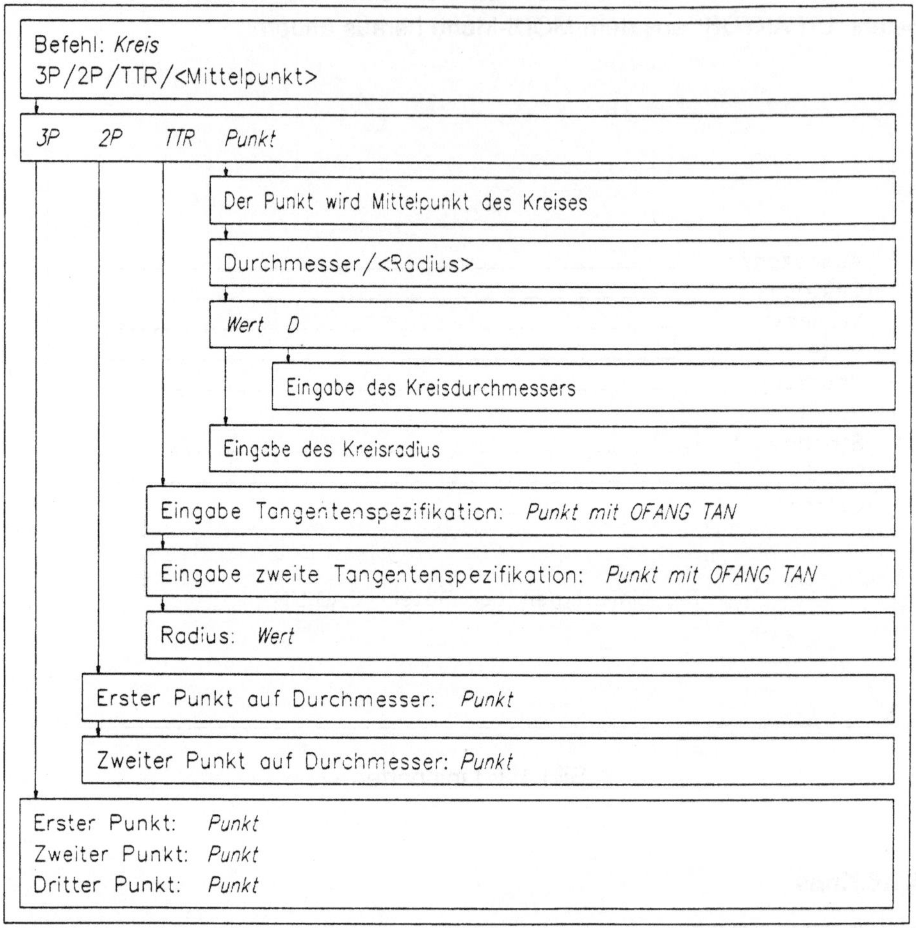

Tafel 4.4. Der Befehl "KREIS"

- **3 PUNKTE**
  Drei eingegebene Punkte legen die Umfangslinie des Kreises fest.
- **TTR**
  Anklicken zweier Tangenten und Eingabe des Radius führt zum Zeichnen des Kreises.

Dem geübten Konstrukteur stellt dieser Befehl noch weit mehr Möglichkeiten zur Verfügung, denn beim Festlegen eines Punktes auf der Kreisperipherie

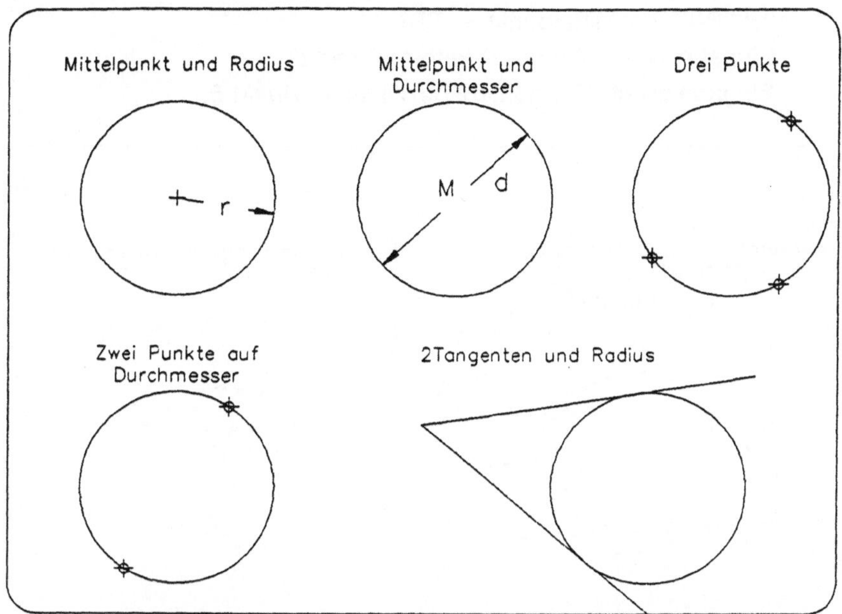

Bild 4.5: Methoden zur Bestimmung von Kreisen

stehen die Konstruktionshilfen des Objektfanges, wie "Tangente an" oder "Lot auf" zur Verfügung. Die nachstehenden Beispiele geben einen Einblick in diese Konstruktionsvarianten.

Den Innenkreis eines Dreiecks können Sie wie im Bild gezeigt, ohne Hilfslinien konstruieren.

> Befehl: *Kreis*
> 3P/2P/TTR/ < Mittelpunkt > : *3P*
> Erster Punkt: *TAN* nach *Punkt A*
> Zweiter Punkt: *TAN* nach *Punkt B*
> Dritter Punkt: *TAN* nach *Punkt C*.

Der Korbbogen der Eckausrundung in nachstehender Abbildung wird mit der Option "TTR" gezeichnet.

Befehl: *Kreis*

3P/2P/TTR/ < Mittelpunkt > : *TTR*

Eingabe Tangentenspezifikation: *Punkt D*

Eingabe zweite Tangentenspezifikation: *Punkt E.*

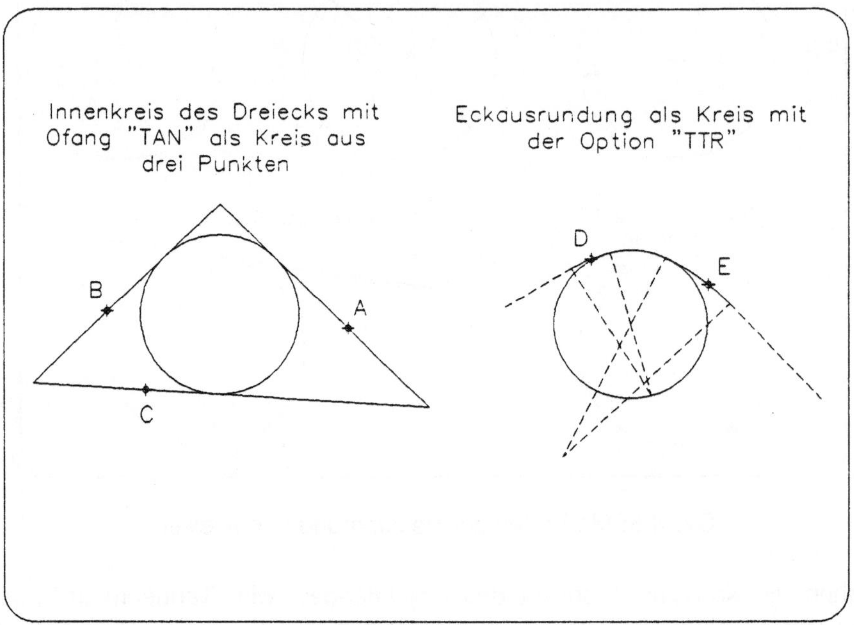

Bild 4.6: Beispiele für Kreiskonstruktionen

4.1.7. Kreisbogen

Der Befehl BOGEN dient zum Zeichnen von Teilkreisen.

Acht Optionen zur Zeichnung von Teilkreisen werden unterstützt, dabei haben die Abkürzungen folgende Bedeutung:

S	Startpunkt des Bogens
E	Endpunkt
L	Länge der Sehne
M	Mittelpunkt

R   Radius
W   Bogenwinkel (linksdrehend positiv)

- **drei Punkte**
  3-Punkte-Kreisbogen
- **S,M,E**
  Startpunkt, Mittelpunkt, Endpunkt
- **S, M,W**
  Startpunkt, Mittelpunkt, Winkel
- **S,M,L**
  Startpunkt, Mittelpunkt, Sehnenlänge
- **S,E,R**
  Startpunkt, Endpunkt, Radius

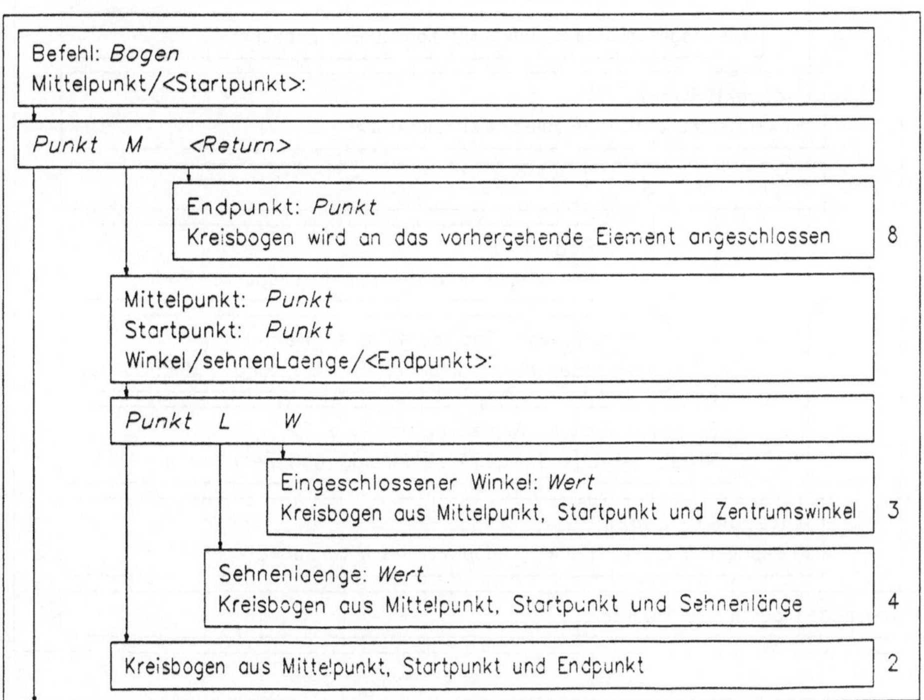

Tafel 4.4: Der Befehl "BOGEN" - Teil 1

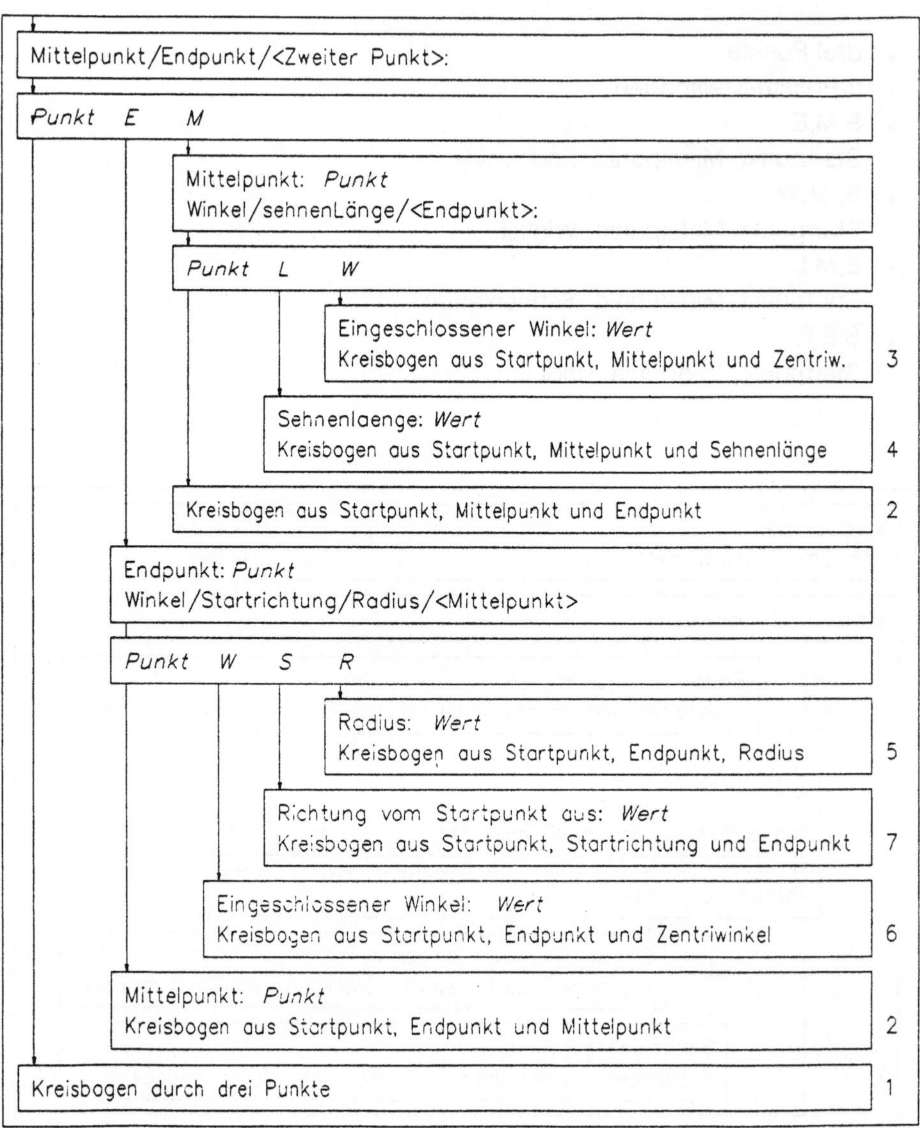

Tafel 4.5: Der Befehl "BOGEN" -Teil 2

- **S,E,W**
  Startpunkt, Endpunkt, Winkel
- **S,E,S**
  Startpunkt, Startrichtung, Endpunkt
- **weiter**
  Ansetzen an die zuletzt gezeichnete Linie oder Kreisbogen

Je ein Beispiel für die acht verschiedenen Bogenkonstruktionen finden Sie in der Abbildung.

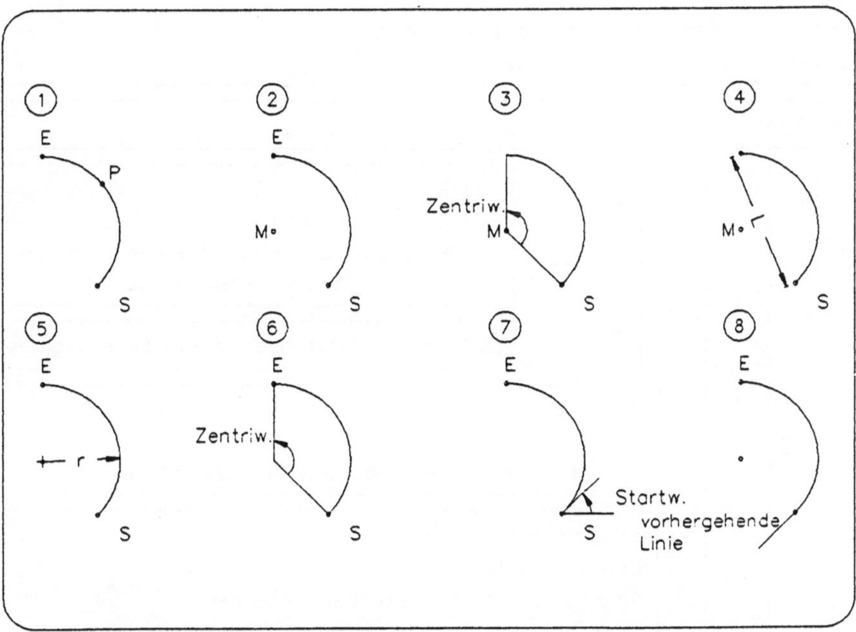

Bild 4.7. Die verschiedenen Bogenkonstruktionen

4.1.8. Elementkette

Auf dem Bildschirm ist zunächst kein Unterschied zwischen einem Linienzug, der mit den Befehlen "LINIE" und "BOGEN" gezeichnet wurde, und einer

Elementkette, die in AutoCAD als Polylinie bezeichnet wird. Polylinien werden jedoch vom Rechner als eine Einheit behandelt und können als Ganzes gelöscht, kopiert, abgerundet oder verschoben werden. Eine weitere Besonderheit der Polylinien ist, daß sie in einer bestimmten Breite gezeichnet werden können und daß einzelne Segmente der Polylinie sogar unterschiedliche Anfangs- und Endbreite erhalten können. Für Polylinien, die mit dem Befehl "PLINIE" gezeichnet werden, kennt AutoCAD einen besonderen Editierbefehl,"PEDIT", mit dem Scheitel eingesetzt, verschoben oder gelöscht werden können.

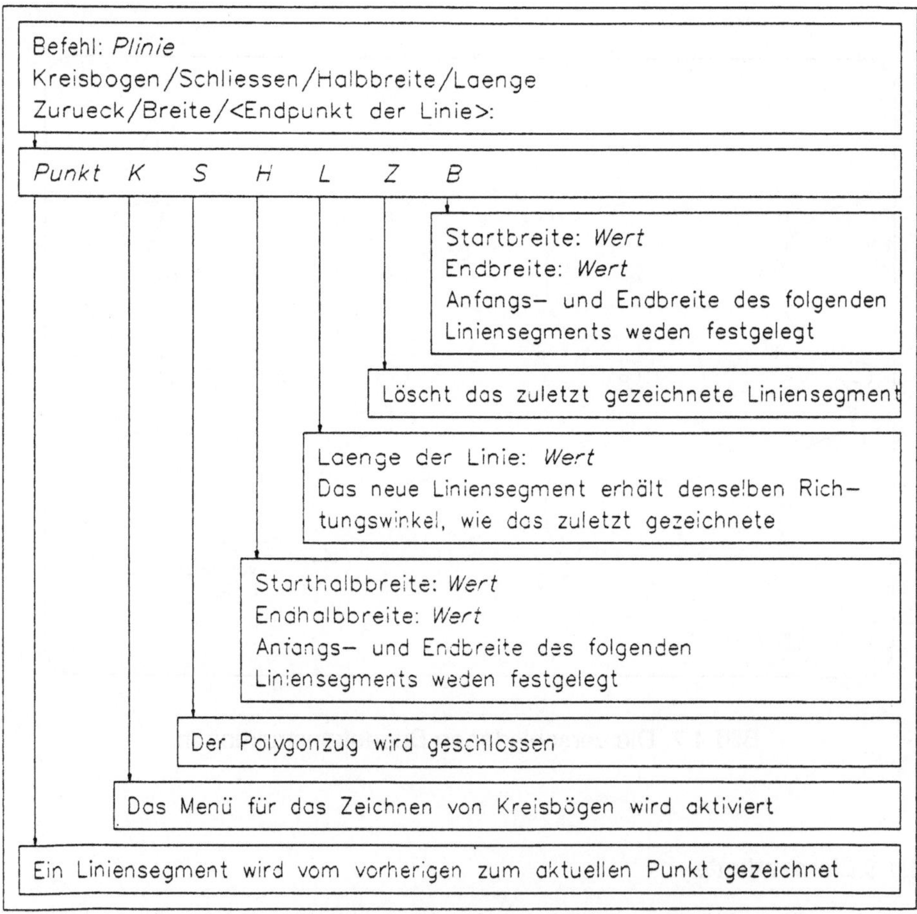

Tafel 4.6: Der Befehl "PLINIE"

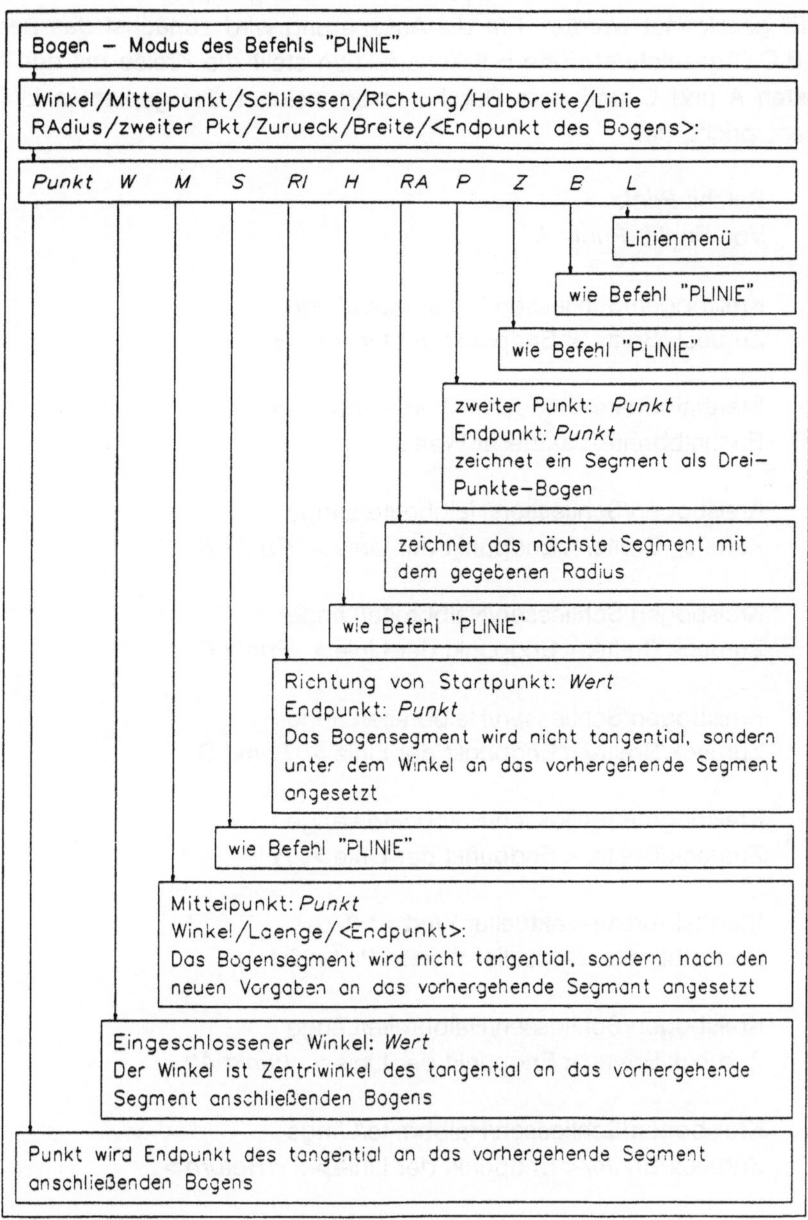

Tafel 4.7: Der Bogen-Modus des Befehls "PLINIE"

Die beiden Beispiele in der folgenden Abbildung sind mit dem Befehl "PLINIE" gezeichnet worden. Für die Aussparung wird zunächst das Rechteck A,B,C,D gezeichnet. Eine Hilfskonstruktion stellt die Kreise mit den Mittelpunkten A und D und dem Durchmesser, welcher der geplanten Linienbreite entspricht, dar.

Befehl: *Plinie*
Von Punkt: *Punkt A1*

Kreisbogen/Schliessen/Halbbreite/Länge
Zurueck/Breite/ < Endpunkt der Linie >: *H*

Starthalbbreite < aktueller Wert >: *Punkt A*
Endhalbbreite < aktueller Wert >

Kreisbogen/Schliessen/Halbbreite/Länge
Zurueck/Breite/ < Endpunkt der Linie >: *Punkt B*

Kreisbogen/Schliessen/Halbbreite/Länge
Zurueck/Breite/ < Endpunkt der Linie >: *Punkt C*

Kreisbogen/Schliessen/Halbbreite/Länge
Zurueck/Breite/ < Endpunkt der Linie >: *Punkt D*

Kreisbogen/Schliessen/Halbbreite/Länge
Zurueck/Breite/ < Endpunkt der Linie >: *H*

Starthalbbreite < aktueller Wert >: *0*
Endhalbbreite < aktueller Wert > *Punkt D1*

Kreisbogen/Schliessen/Halbbreite/Länge
Zurueck/Breite/ < Endpunkt der Linie >: *Punkt A2*

Kreisbogen/Schliessen/Halbbreite/Länge
Zurueck/Breite/ < Endpunkt der Linie >: *< Return >*

Der Stahlbetonbügel wird als Polylinie mit der Breite 10 mm gezeichnet die Biegeradien werden mit einem Befehl "ABRUNDEN" gezeichnet.

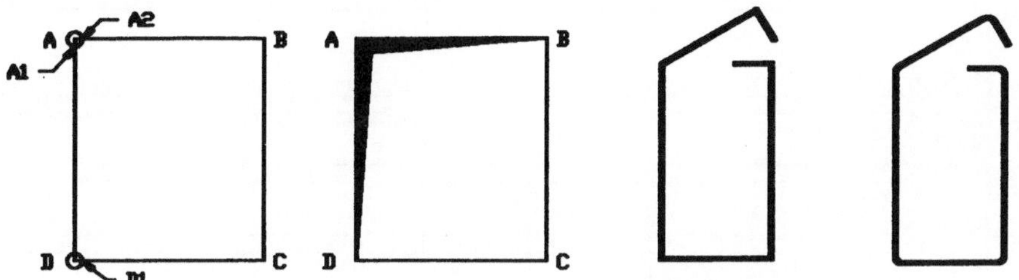

Bild 4.8: Die Anwendung des Befehls "PLINIE"

4.2. Geometrische Elemente aus schon gezeichneten erzeugen

So faszinierend die Möglichkeiten des Zeichnens am Bildschirm auch sein mögen, sollten Sie doch nicht vergessen, daß Ihr Ziel war, mit Hilfe des Rechners schneller und besser zu zeichnen. Dieses Ziel ist mit den Methoden, die Sie bis jetzt beherrschen, kaum zu erreichen.

Im folgenden Kapitel werden Sie einige Arbeitstechniken kennenlernen, die in der konventionellen Zeichentechnik keineEntsprechung haben. Sie dienen dazu, Elemente der Zeichnung nicht neu zu erzeugen, sondern durch Verändern vorhandener Zeichnungsteile schnell und einfach neue Elemente zu entwerfen.

4.2.1. Parallelen zeichnen

Der Befehl "VERSETZ" konstruiert ein Element parallel zu einem anderen in gewünschtem Abstand oder durch einen spezifizierten Punkt. Es können Parallelen zu Linien, Bögen, Kreise und Polylinien erzeugt werden.

Der Abstand der Parallelen kann durch Abstands- oder Punkteingabe festgelegt werden. AutoCAD berechnet den Abstand und zeichnet das Element.

4.2.2. Abrunden

Mit ABRUNDEN lassen sich zwei Elemente durch einen Kreisbogen mit vorgegebenem Radius so verbinden, daß der Kreisbogen genau an die beiden Elemente anschließt.

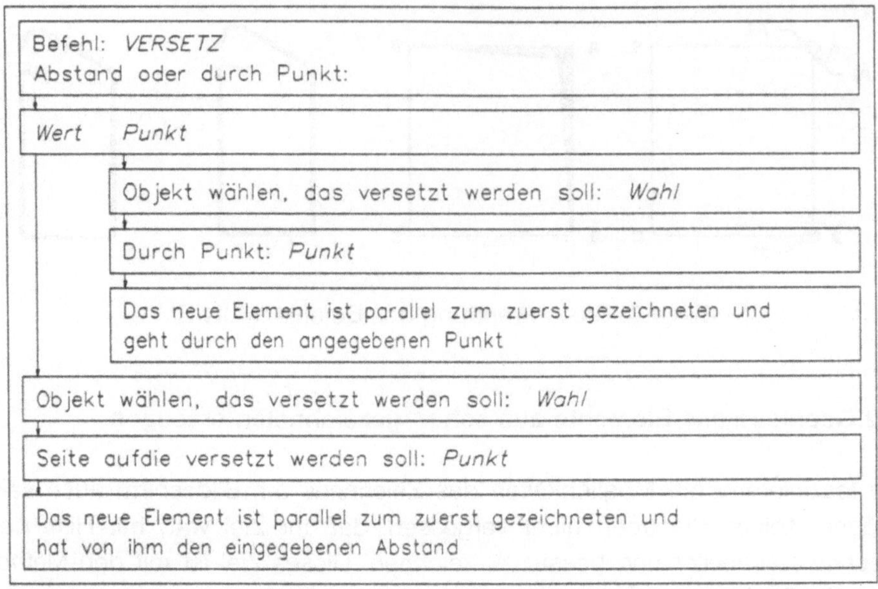

Tafel 4.8: Der Befehl "VERSETZ"

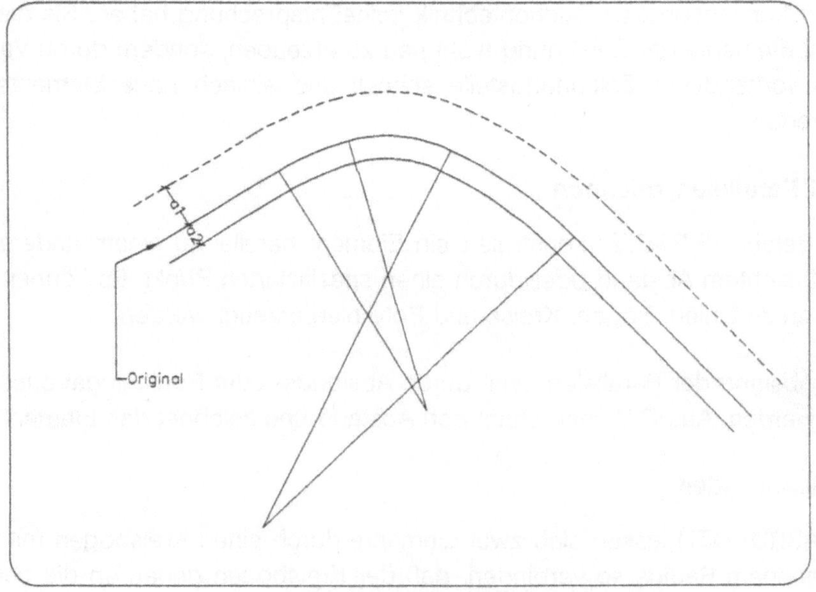

Bild 4.9. Beispiel zu "VERSETZ"

Befehl: *ABRUNDEN*
Polylinie/RAdius/<zwei Objekte wählen>:

Wahl   *RA*   *P*

2D—Polylinie wählen: *Wahl*

Die gesamte Polylinie wird abgerundet

Rundungsradius<aktuell>: *Wert*

Der gesetzte Rundungsradius wird in den folgenden Abrundungs—
befehlen benutzt

Die beiden ausgewählten Elemente werden mit dem vorgewählten Radius
ausgerundet

Tafel 4.9: Der Befehl "ABRUNDEN"

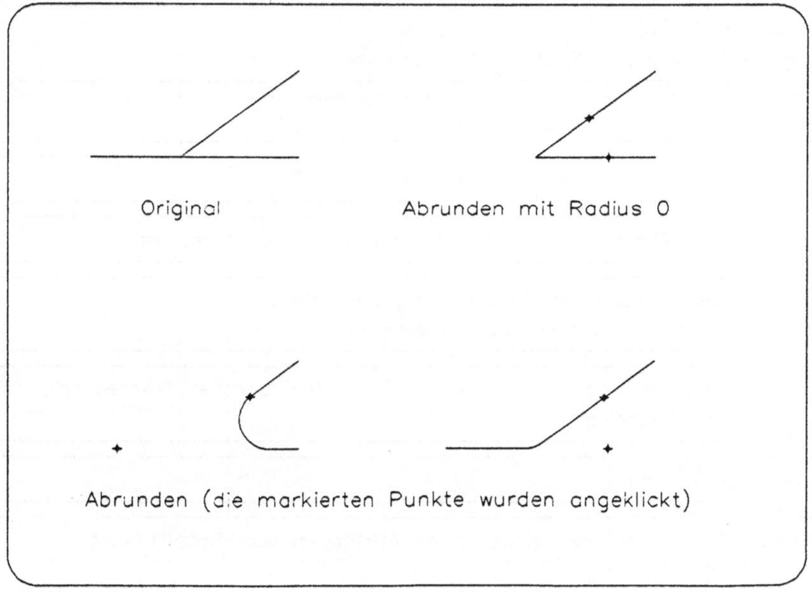

Bild 4.10: Beispiele zu "ABRUNDEN"

Einen Sonderfall, der häufig sehr angenehm zu nutzen ist, stellt das "Abrunden" mit dem Radius 0 dar. Es stutzt die beiden Elemente in einem Arbeitsgang so, daß sie exakt zusammenstoßen. Sollten die beiden Elemente sich nicht schneiden, werden sie automatisch verlängert.

Rundet man eine Polylinie mit dem Befehl ABRUNDEN ab, werden sämtliche Ecken der Polylinie soweit geometrisch möglich abgerundet.

Kreuzen sich zwei Objekte, die Sie abrunden wollen, so ist zu beachten, daß beim Abrunden die jeweils kürzeren Objektteile beim Abrunden gelöscht werden. Entspricht dies nicht Ihren Absichten, können Sie vor dem Abrunden den Befehl "STUTZEN" verwenden.

4.2.3. Facette

Der Befehl "FACETTE" wandelt die scharfe Kante zweier zusammenstoßender Linien in eine abgeschrägte Kante um. Dazu werden zwei sich schneidende Linien bis zu ihrem Schnittpunkt gestutzt, zwei Elemente, die sich

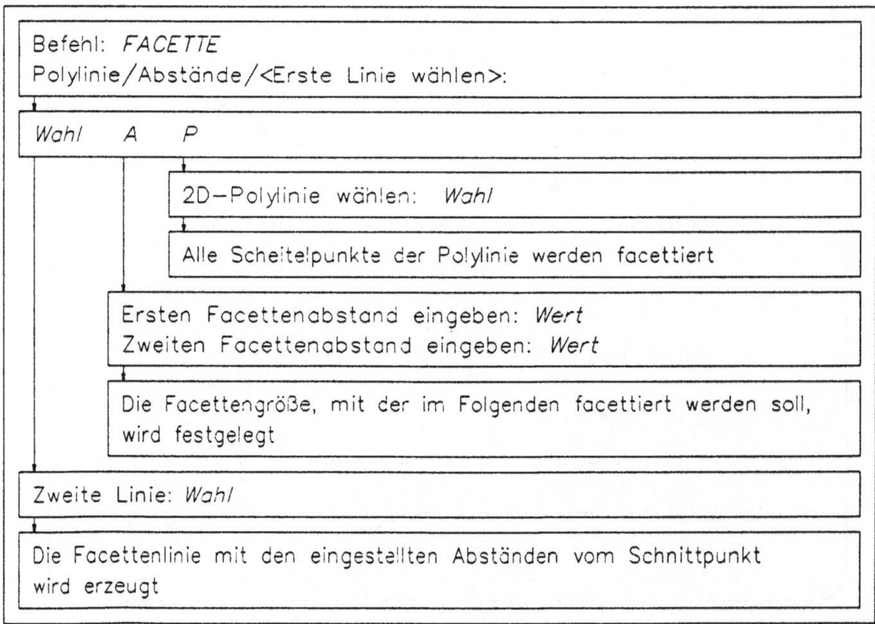

Tafel 4.10: Der Befehl "FACETTE"

nicht berühren bis zu ihrem Berührungspunkt verlängert. Darauf wird eine Linie erzeugt, die vom Berührungspunkt der beiden gewählten Elemente die vorgegebenen Abstände hat, die beiden ursprünglichen Linien werden entsprechend gekürzt.

4.2.4.Kopieren

Mit dem Befehl "KOPIEREN" werden von ausgewählten Elementen Duplikate hergestellt. Das Element der Zeichnung, welches Sie kopieren wollen, müssen Sie zunächst nach den schon bekannten Methoden identifizieren. Nach Auswahl der Elemente wird am Ende des Verschiebungsvektors eine genaue Kopie des Elementes in die Zeichnung eingefügt. Original und Kopie können unabhängig voneinander weiterbehandelt werden.

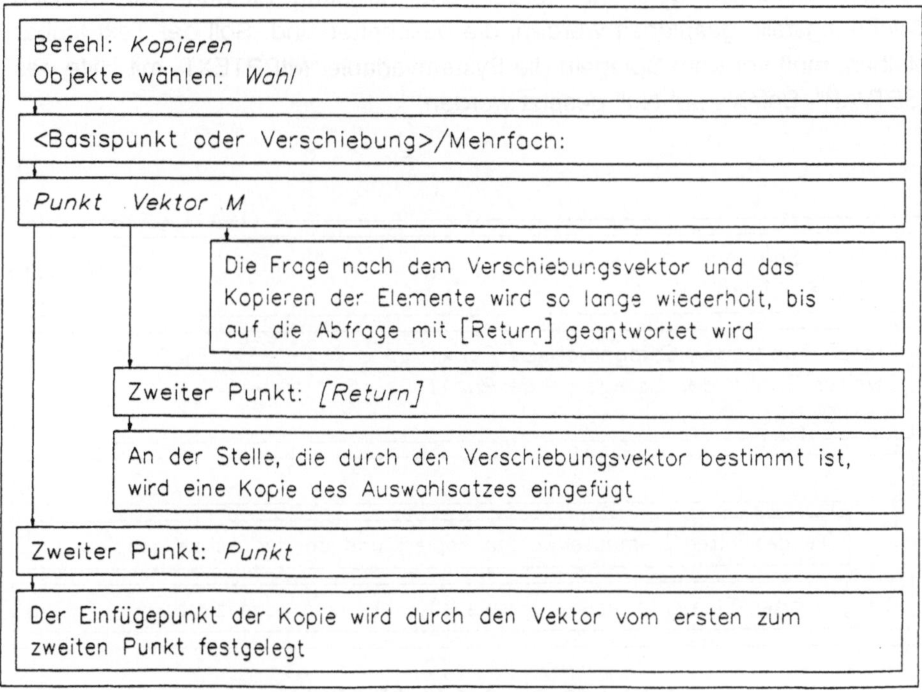

Tafel 4.11: Der Befehl "KOPIEREN"

Die Lage des kopierten Objektes läßt sich über zwei unterschiedliche Möglichkeiten bestimmen:

- BASISPUNKT

  Eingabe eines Basispunktes mit den bekannten Möglichkeiten. Das gewählte Objekt wird an die Stelle kopiert, die sich aus dem noch einzugebenden zweiten Punkt ergibt.
- VERSCHIEBUNG

  Eingabe eines Verschiebungsvektors durch Koordinaten. Bei der Abfrage des zweiten Punktes muß mit [Return] geantwortet werden.

4.2.5. Spiegeln

Mit dem Befehl "SPIEGELN" können bereits gezeichnete Objekte an einer beliebig gelegenen Achse gespiegelt werden. Die zu spiegelnden Objekte können wahlweise gelöscht werden oder erhalten bleiben. Oft müssen Zeichnungsteile gespiegelt werden, die beschriftet sind. Soll der Text lesbar bleiben, muß vor dem Spiegeln die Systemvariable "MIRRTEXT" mit Hilfe des "SETVAR"- Befehls auf Null gesetzt werden.

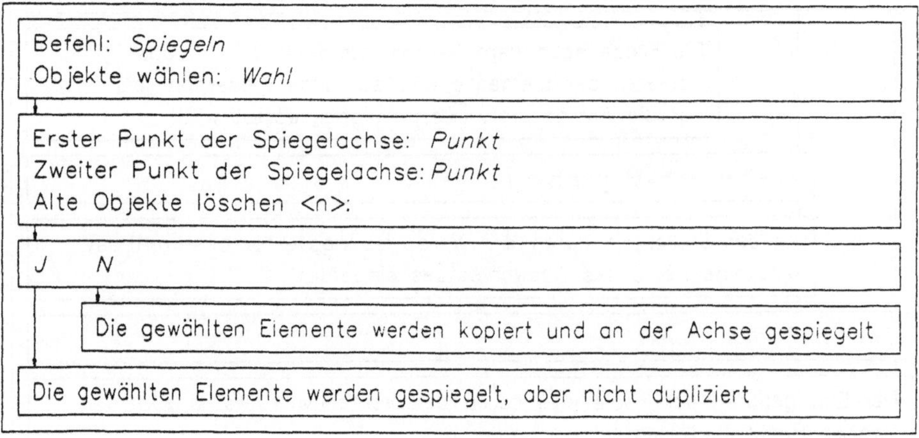

Tafel 4.12: Der Befehl "SPIEGELN"

Befehl: SETVAR
Variablenname oder ?: *MIRRTEXT*
Neuer Wert für MIRRTEXT < aktuell >: *0*

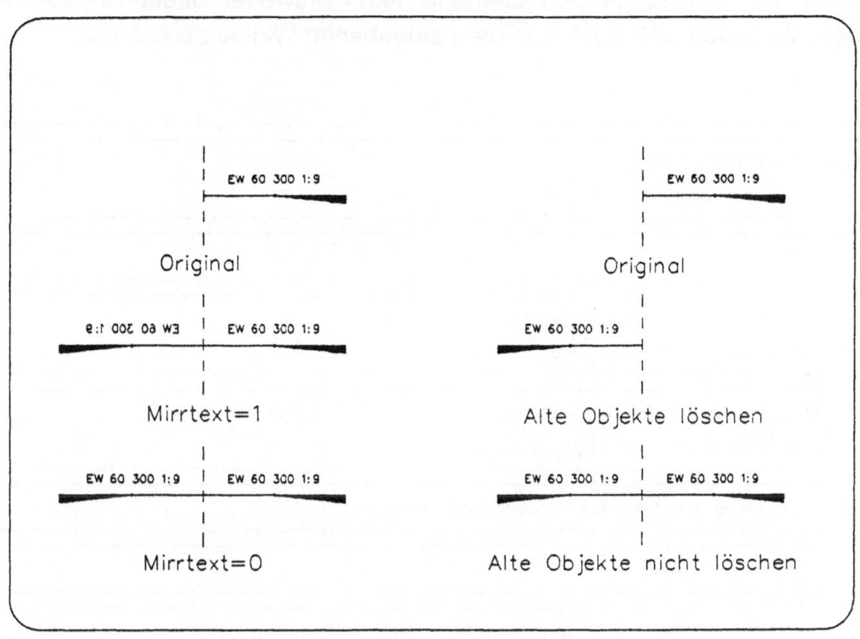

Bild 4.11: Beispiele zu "SPIEGELN"

4.2.6. Reihe

Der Befehl "REIHE" kopiert die gewählten Elemente mehrfach, die einzelnen Kopien bleiben selbständige Zeichnungselemente, die einzeln verändert werden können. Diese Kopien können auf zwei verschiedene Arten angeordnet werden:

- Als rechteckige Matrix in Reihen und Spalten,
- kreisförmig um einen Mittelpunkt.

Die kreisförmig angeordneten Elemente können je nach Anwendungsfall beim Anordnen um den Mittelpunkt im gleichen Winkel um sich selbst gedreht oder auch ohne Drehung auf dem Kreisumfang angeordnet werden. Die Zahl der zu erzeugenden Elemente kann entweder direkt eingegeben werden, sie lassen sich auch aus dem eingebenen Winkel berechnen.

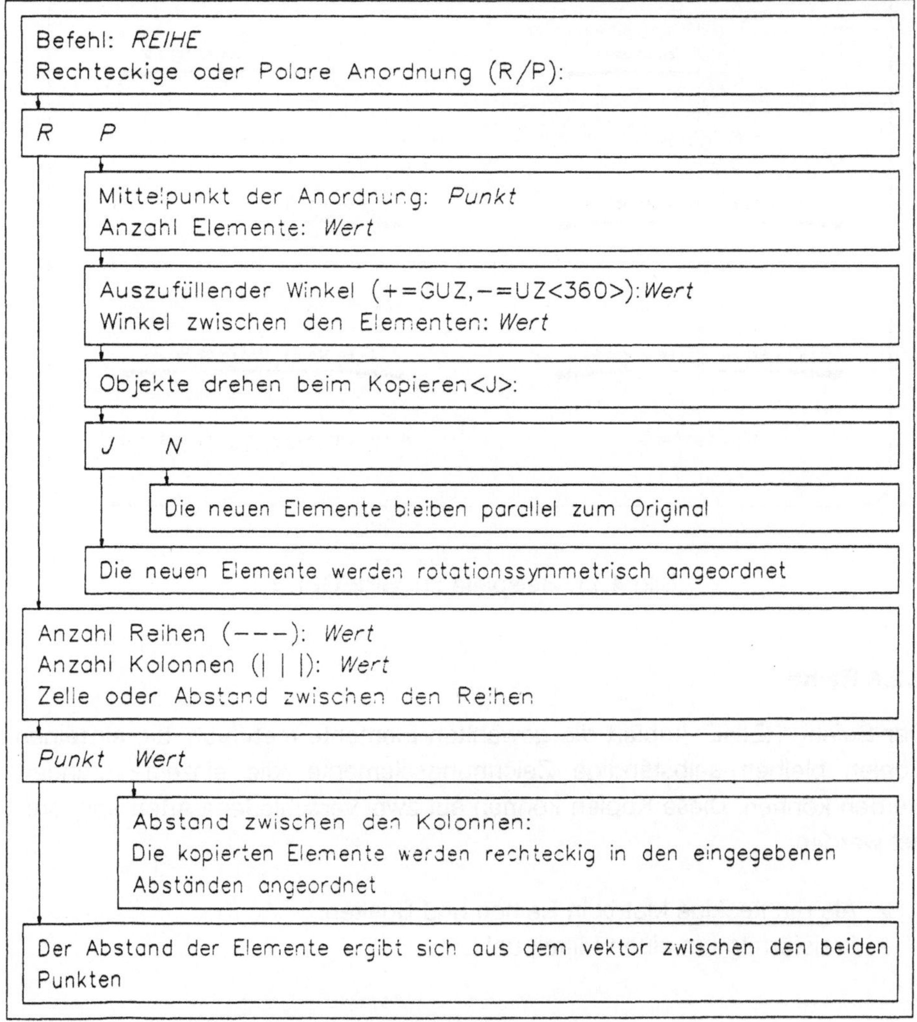

Tafel 4.13: Der Befehl "REIHE"

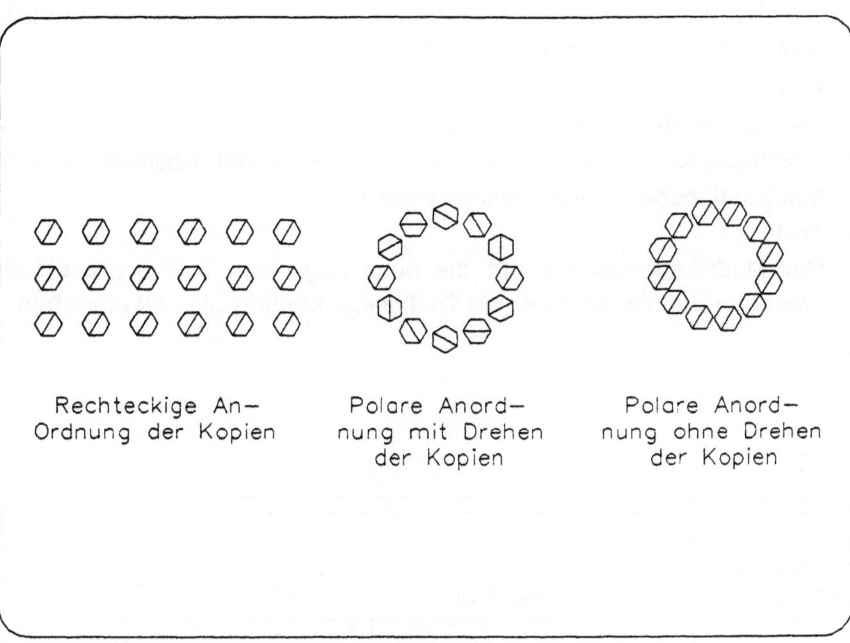

Bild 4.12: Beispiele zu "REIHE"

4.3. Verändern geometrischer Elemente

4.3.1. Ändern

Der Befehl "AENDERN" erfüllt zwei verschiedene Aufgaben. Nach der Wahl der Elemente, welche geändert werden sollen, können entweder die Eigenschaften (z.B. Farbe, Linientyp oder Layer) geändert werden, oder die Elemente können über einen Modifikationspunkt in ihrer Lage verändert werden.

Modifikationspunkt

Durch die Eingabe eines Modifikationspunkts werden Zeichnungselemente in ihrer Lage und Form verändert. Je nach ausgewähltem Element wirkt die Eingabe eines Modifikationspunktes unterschiedlich:

- Linie:
  Der dem Modifikationspunkt nähere Endpunkt wird auf den Modifikationspunkt gezogen. Der zweite Endpunkt behält seine Lage bei.
- Kreis
  Der Radius des Kreises wird so verändert, daß der Kreis durch den Modifikationspunkt geht. Der neue Radius ist der Abstand zwischen Modifikationspunkt und Kreismittelpunkt
- Text
  Der Modifikationspunkt gibt die neue Lage des Textes an. Stil des Textes, Höhe, Drehwinkel und Text selbst können Sie neu eingeben.

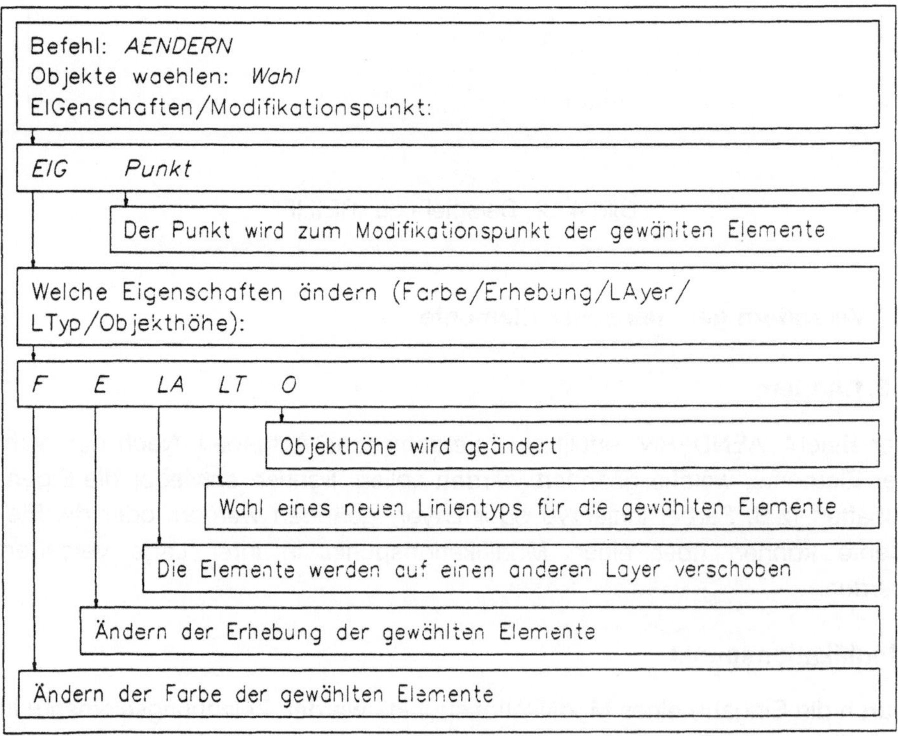

Tafel 4.14: Der Befehl "AENDERN"

Eigenschaften

Geben Sie auf die Anfrage von AutoCAD "EIG" ein, so können Sie folgende
Eigenschaften der von Ihnen identifizierten Elemente ändern:

- Farbe
- Layer
- Linientyp
- Erhebung
- Objekthöhe

Sie können mehrere Veränderungen nacheinander vornehmen, ohne den
Befehl neu aufrufen zu müssen.

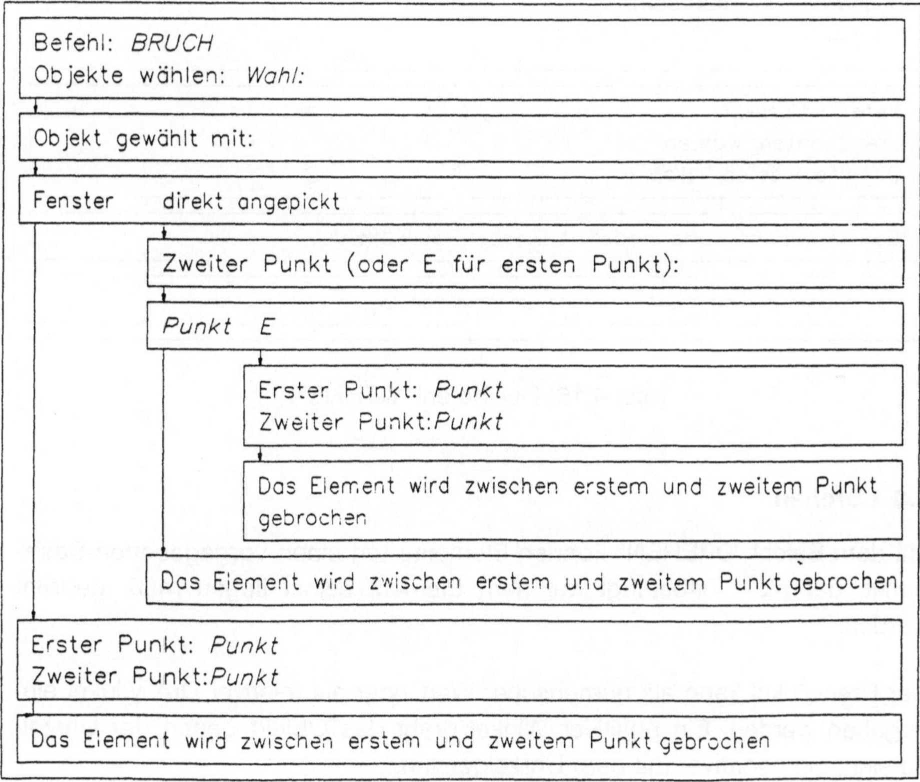

Tafel 4.15: Der Befehl "BRUCH"

4.3.2. Bruch

Mit dem Befehl "BRUCH" kann ein Teil eines Zeichnungselementes gelöscht oder das Element in zwei Elemente geteilt werden.

Sind erster und zweiter Punkt identisch, wird das Objekt in zwei Objekte geteilt, ohne daß ein Teil gelöscht wird. Den identischen Punkt erzeugen Sie am einfachsten mit dem Zeichen "@", welches ein Kurzzeichen für den letzten gewählten Punkt darstellt.

4.3.3. Dehnen

Mit dem Befehl "DEHNEN" verlängern Sie schon gezeichnete Objekte bis zu einer oder zu mehreren Grenzkanten. Solche Objekte können Linien, Bögen und offene Polylinien sein.

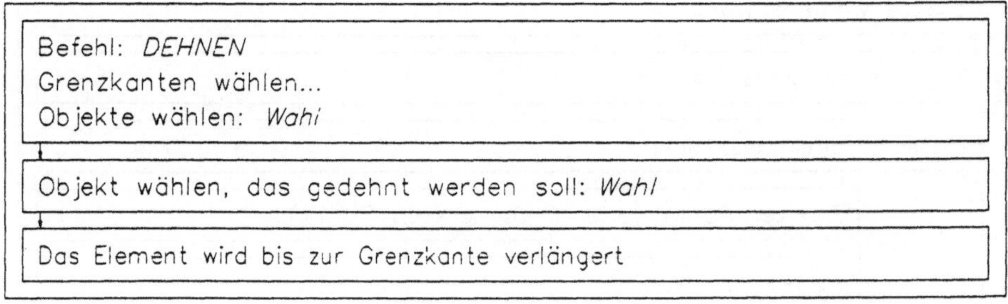

Tafel 4.16: Der Befehl "DEHNEN"

4.3.4. Drehen

Mit dem Befehl "DREHEN" können Elemente um einen vorgegebenen Basispunkt, der nicht unbedingt auf dem Element selbst liegen muß, gedreht werden.

Der Drehwinkel kann als numerischer Wert oder als relativer Drehwinkel eingegeben werden. Ein positiver Winkel dreht das Objekt gegen der Uhrzeigersinn, ein negativer mit dem Uhrzeigersinn.

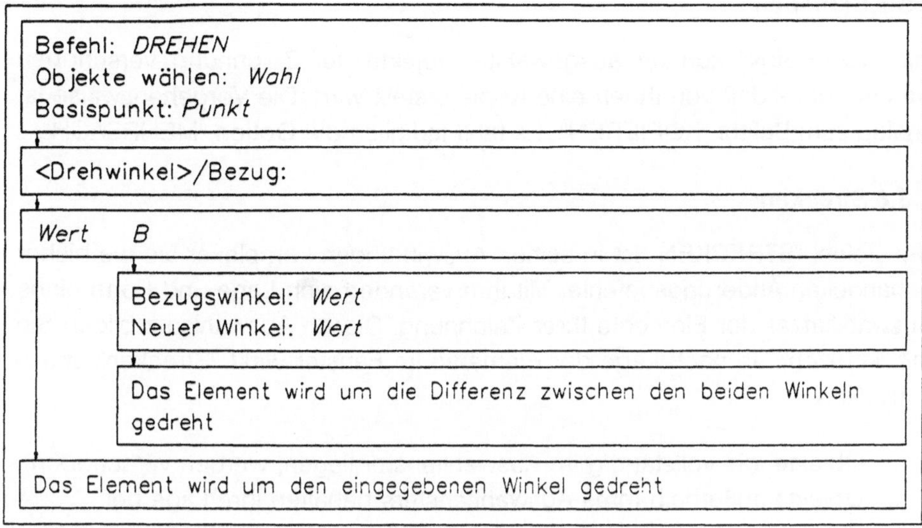

Tafel 4.17: Der Befehl "DREHEN"

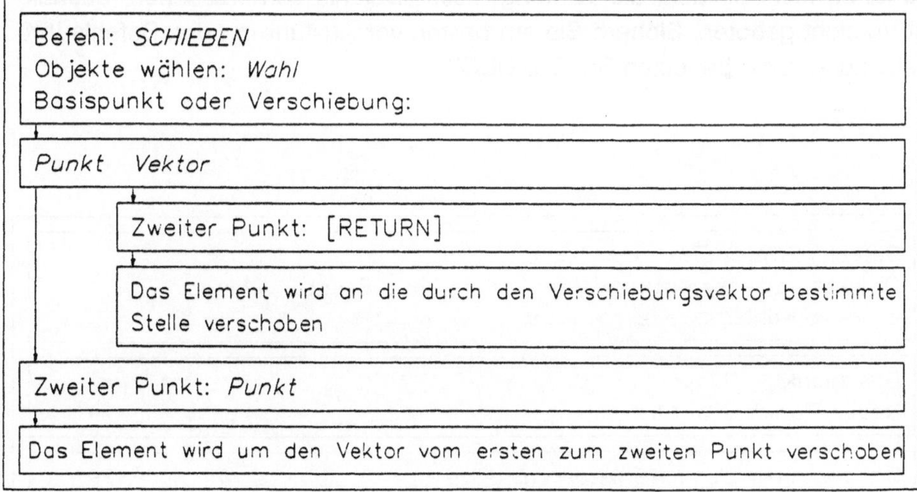

Tafel 4.18: Der Befehl "SCHIEBEN"

4.3.5. Schieben

Mit "SCHIEBEN" können ausgewählte Objekte der Zeichnung verschoben werden, ohne daß von Ihnen eine Kopie erstellt wird. Die Vorgehensweise ist analog zum Befehl "KOPIEREN". Es fehlt lediglich die Option "MEHRFACH".

4.3.6. Strecken

Der Befehl "STRECKEN" ist in seinen Auswirkungen komplexer als die bisher behandelten Änderungsbefehle. Mit ihm verändert sich Lage und Form eines Auswahlsatzes der Elemente Ihrer Zeichnung. Diesen Auswahlsatz bilden Sie mit "kreuzen". Je nach Lage der Elemente im Fenster wirkt "Strecken" unterschiedlich:

- Objekte, die vollständig im Auswahlfenster liegen, werden verschoben,
- Objekte außerhalb Ihres Auswahlfensters behalten ihre Lage bei.
- Objekte, welche nur teilweise innerhalb der "Kreuzen"-Fensters liegen, behalten ihren Endpunkt außerhalb des Fensters bei. Sie werden gedehnt, gestaucht und gedreht.

Es ist oft nicht einfach, die Wirkung dieses Befehls vorherzusehen, deshalb ist Vorsicht geboten. Sichern Sie am besten vor Ausführung des Befehls Ihre Zeichnung, bzw. benutzen Sie ZURUECK.

```
Befehl: STRECKEN
Objekte, die gestreckt werden sollen, mit Fenster wählen...
Objekte wählen<kreuzen>: Wahl

Basispunkt: Punkt
Neuer Punkt: Punkt

Die gewählten Elemente werden modifiziert
```

Tafel 4.19: Der Befehl "STRECKEN"

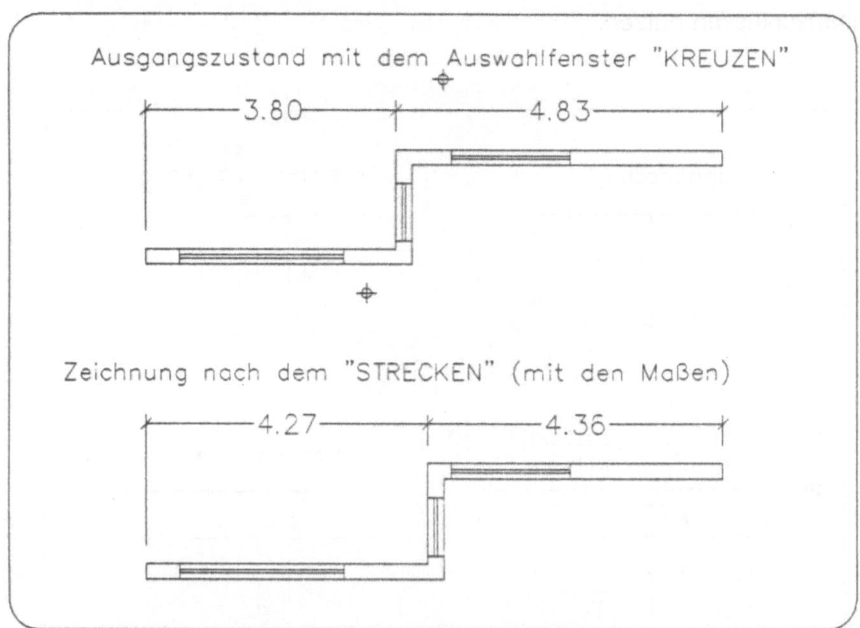

Bild 4.13: Beispiel zu "STRECKEN"

4.3.7. Stutzen

Mit dem Befehl "STUTZEN" können Sie Elemente der Zeichnung so kürzen,
daß sie genau an der Schnittkante mit einem anderen Element enden.

```
Befehl: STUTZEN
Schnittkanten wählen: Wahl

Objekt wählen, das gestutzt werden soll:  Wahl

Das Element wird an der Schnittkante gestutzt
```

Tafel 4.20: Der Befehl "STUTZEN"

Dies läßt sich, wie das Beispiel zeigt, bequem für die Konstruktion von Wandanschlüssen nutzen.

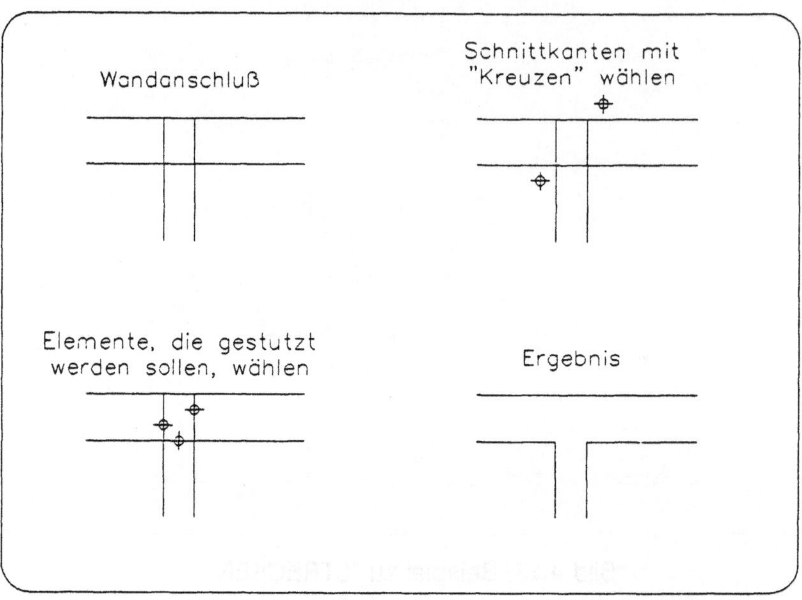

Bild 4.14: Beispiel zu "STUTZEN"

4.3.8. Varia

Mit "VARIA" können Elemente und ganze Zeichnungsteile in verschiedenen Maßstäben gezeichnet werden. Der Maßstab der Vergrößerung oder Verkleinerung gilt für x- und y- Richtung. Sämtliche Maße der gewählten Elemente werden mit dem eingegebenen Faktor multipliziert. Eingaben zwischen 0 und 1 bewirken eine Verkleinerung, Faktoren über 1 eine Vergrößerung. Der Basispunkt der ausgewählten Elemente behält seinen Platz auf der Zeichnung.

Wollen Sie keinen Größenfaktor eingeben, sondern beispielsweise eine Messungslinie auf eine bestimmte Länge vergrößern, so geben Sie statt des Größenfaktors "B" für Bezug ein.

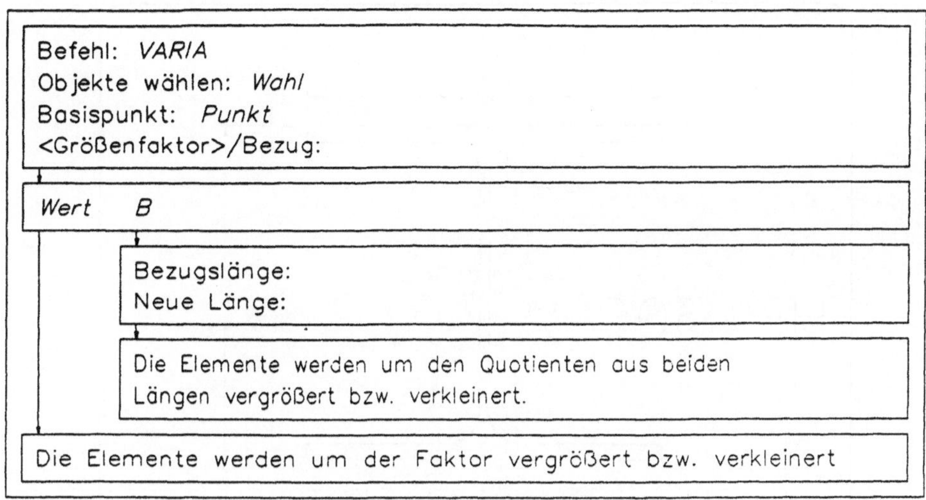

Tafel 4.21: Der Befehl "VARIA"

4.3.9. Beispiel

Als Beispiel für die bis hierher besprochenen Zeichentechniken soll die Konstruktion des Querschnitts eines Stahlträgers stehen. Die Maße des verwendeten Trägerprofils HEA 300 A können Sie beispielsweise bei Wendehorst [5] nachschlagen.

Die Konstruktion erfolgt in fünf Schritten:

- Zeichnen Sie die beiden Symmetrieachsen im Ortho-Modus. Ihre Länge sollte größer als das PROFIL sein.
- Zeichnen Sie die Hilfslinien als Parallele zu den Achsen.
- Stutzen Sie die Linien, die an der Gurtaußenseite überstehen.
- Runden Sie den Übergang von Steg zu Gurt mit dem Radius nach Tabelle ab.
- Spiegeln Sie das entstandene Viertelprofil an den beiden Achsen.

---

5) Wendehorst 1988

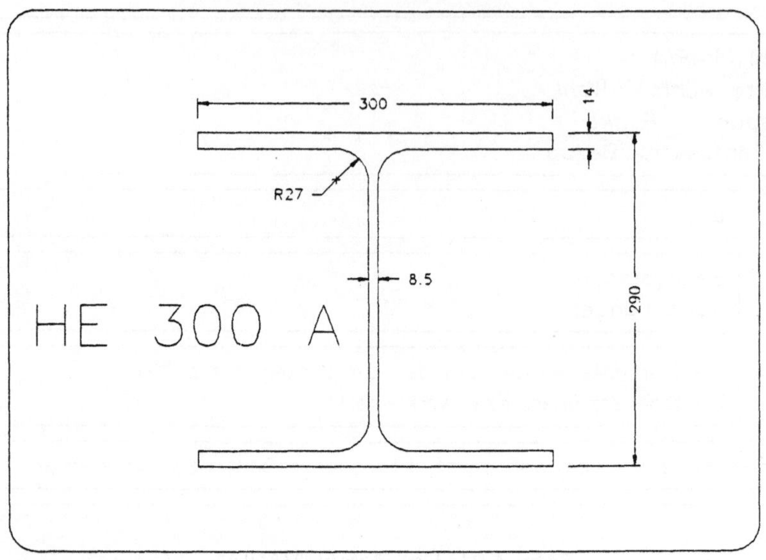

Bild 4.15: Profil HE 300 A

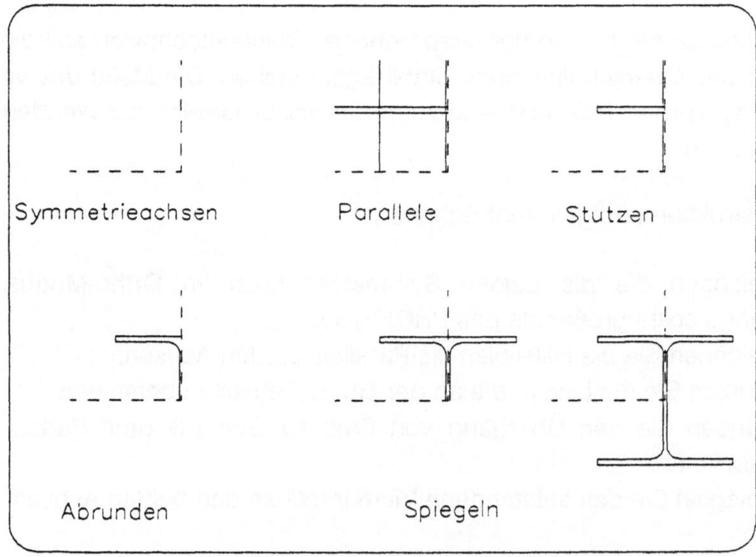

Bild 4.16: Die Konstruktion des Stahlprofils

4.4.Dreidimensionales Konstruieren

4.4.1.Die 3D-Erweiterung der zweidimensionalen Zeichnung

Objekthöhe

AutoCAD, ursprünglich ein 2 1/2 D Programm, kennt in seinen älteren Versionen die Möglichkeit, Zeichnungselementen mit dem Befehl "ERHEBUNG"eine Höhe zu geben. Die Auswirkung dieser sogenannten Objekthöhe ist am besten in einer Parallelprojektion des "dreidimensionalen" Objekts zu erkennen. Ein Punkt wird zu einer senkrechten Linie, eine Linie zu einer senkrecht stehenden Fläche, ein Kreis zu einem Zylinder. Es ist leicht einzusehen, daß diesem Verfahren, auch wenn Demonstrationszeichnungen eindrucksvoll die Möglichkeiten zeigen, wie alle 2 1/2D Modellen enge Grenzen gesetzt sind. Es lassen sich damit nur senkrechte Flächen mit rechtwinkligem Abschluß erzeugen.

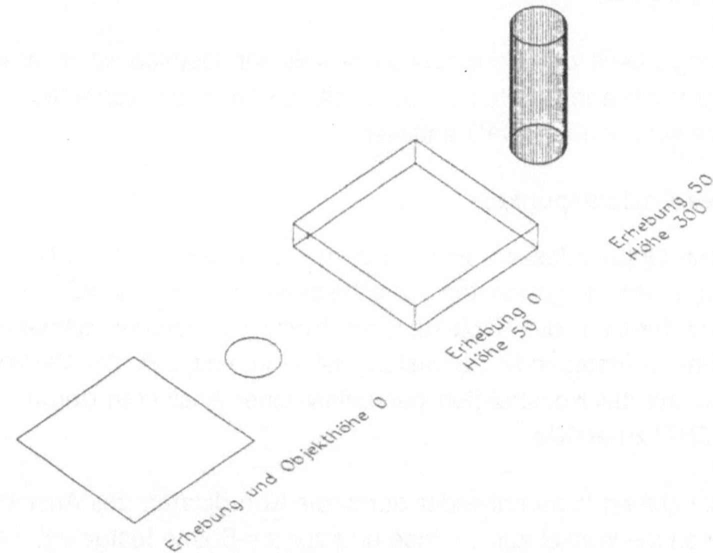

Bild 4.17: Erhebung und Objekthöhe

Erhebung

```
Befehl: ERHEBUNG

Neue aktuelle Erhebung <aktuell>:  Wert
Neue aktuelle Objekthöhe <aktuell>: Wert
```

Tafel 4.22: Der Befehl "ERHEBUNG"

Mit dem Befehl "ERHEBUNG" kann ein Zeichnungselement auch von der Zeichnungsebene, der x-y-Ebene abgehoben werden, es schwebt dann im Raum. Die Voreinstellung von Objekthöhe und Erhebung bleibt beim weiteren Zeichen erhalten, alle weiteren zeichnungselemente erhalten die voreingestellten Eigenschaften, bis diese mit einem neuen Befehl "ERHEBUNG" verändert werden.

Diese Möglichkeit der Konstruktion räumlicher Objekte ist inzwischen von neu implementierten Befehlen überholt, sie werden vermutlich bei einer neuen Version von AutoCAD entfallen.

Wahl des Ansichtspunktes

Räumliche Objekte lassen sich mit dem Befehl "APUNKT" in Parallelprojektion von einem sogenannten Ansichtspunkt aus betrachten, so daß die räumliche Struktur des Objektes zur Kontrolle sichtbar gemacht werden kann. Eine befriedigende Darstellung ist aber erst seit der Version 10 von AutoCAD mit der Konstruktion perspektivischer Ansichten durch den Befehl "DANSICHT" zu erzielen.

Die Blickrichtung kann entweder durch die Koordinaten des Ansichtspunktes oder durch die Winkel zur x-Achse und zur x-y-Ebene festgelegt werden. Ein Hilfsmittel zum leichteren Festlegen der Blickrichtung ist das interaktive Arbeiten mit einem Achsendreibein aus x-, y- und z-Achse, welches mit einem kleinen Fadenkreuz in einem Doppelkreis gesteuert werden kann. Dieser Doppelkreis ist die zweidimensionale Darstellung einer Kugel. Der Mittelpunkt stellt den Nordpol, der mittlere Kreis den Äquator und der äußeren

Kreis den Südpol dar. Wie sich die Lage des Ansichtspunktes auf dieser
Kugel in der Projektion auswirkt, läßt sich an dem Achsendreibein ablesen.

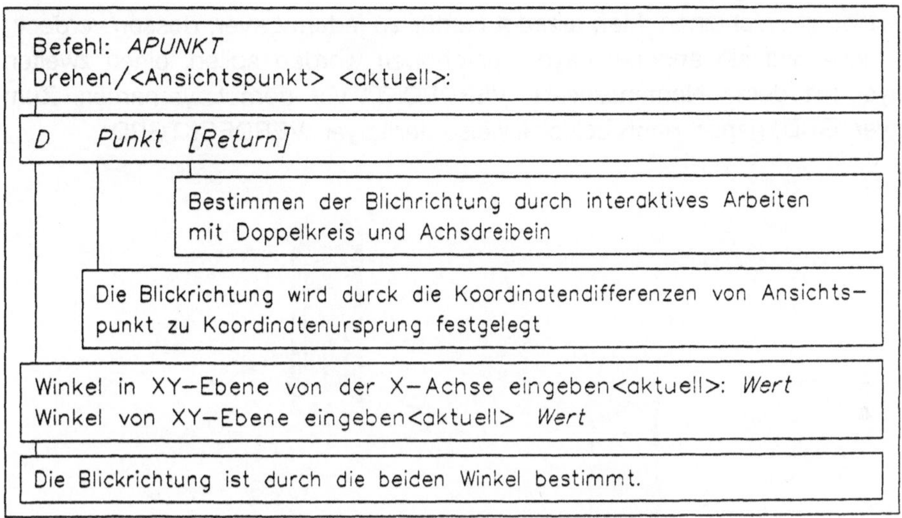

Tafel 4.23: Der Befehl "APUNKT"

Verdeckte Linien

Die Darstellung durch den Befehl "APUNKT" ist unübersichtlich und schwer
zu deuten, weil alle im Modell vorhandenen Linien gezeichnet werden, auch
wenn sie in der Realität für einen Betrachter aus der gewählten Blickrichtung
nicht sichtbar wären. Mit dem Befehl "VERDECKT" lassen sich diese unsichtbaren Linien entfernen. Der Befehl regeneriert die Zeichnung und entfernt
dabei die nicht sichtbaren Linien und Linienabschnitte.

Befehl: *VERDECKT*

Das Berechnen verdeckter Linien ist ein sehr rechen- und damit zeitaufwen-
diger Vorgang. Es sollte daher nur dann benutzt werden, wenn Ausschnitt
und Blickrichtung endgültig festgelegt sind. Da AutoCAD kein Volumenmodell beinhaltet, kann es an manchen Stellen - beispielsweise beim Schnitt
zweier Flächen - zu falschen Ergebnissen kommen.

Die verdeckten Linien können wahlweise entfernt oder auf ein zweites Layer verschoben werden. Dieses zweite Layer kann dann beispielsweise mit dem Linienattribut "gestrichelt" versehen werden, worauf die unsichtbaren Linien gestrichelt erscheinen. Man erzeugt hierfür zu jedem Layer, dessen verdeckte Linien auf ein anderes Layer verschoben werden sollen, einen zweiten Layer mit dem Namenszusatz "VERDECKT" vor dem Layernamen. Zum Layer "GRD" gehört dann beispielsweise der Layer "VERDECKTGRD".

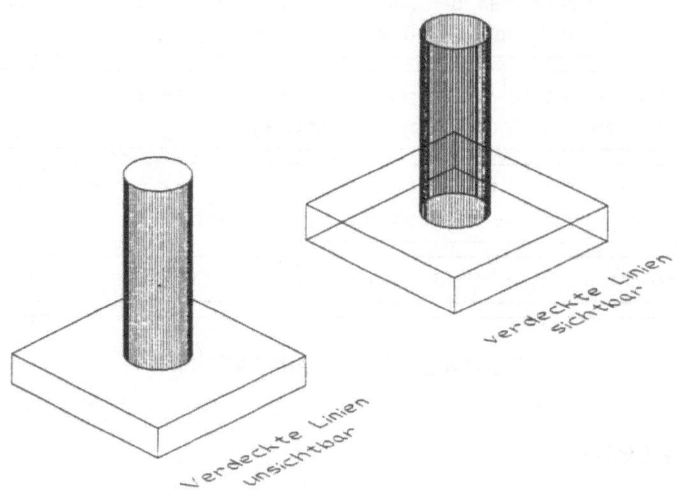

Bild 4.18: Verdeckte Linien

4.4.2.Zeichnen dreidimensionaler Elemente

Der computergestützte Entwurf muß sich im Bauwesen an den gewohnten Arbeitsweisen der Ingenieure orientieren, die gewohnt sind, ihre Planungen in zweidimensionalen Zeichnungen zu entwickeln. Die dritte Dimension der Bauwerke wird in Schnitten und Ansichten dargestellt, welche auf dem Grundriß aufbauen. Von Bedeutung wird die dritte Dimension immer dann, wenn aus einem Entwurf Massen ermittelt werden sollen. So sind die meisten CAD-Programme zwar auf dreidimensionalen Modellen aufgebaut, die Eingabe erfolgt aber aufbauend auf dem Grundriß in der Ebene. Dreidimensionale Konstruktionshilfen spielen daher im Bauwesen eine untergeordnete Rolle, sieht man von Spezialgebieten wie etwa dem Konstruieren räumlicher Tragwerke ab.

Elementketten

Zum Zeichnen von Elementketten - Polylinien genannt - kennt AutoCAD den Befehl "3DPOLY", der als Scheitelpunkte des Linienzuges Punkte im Raum akzeptiert.

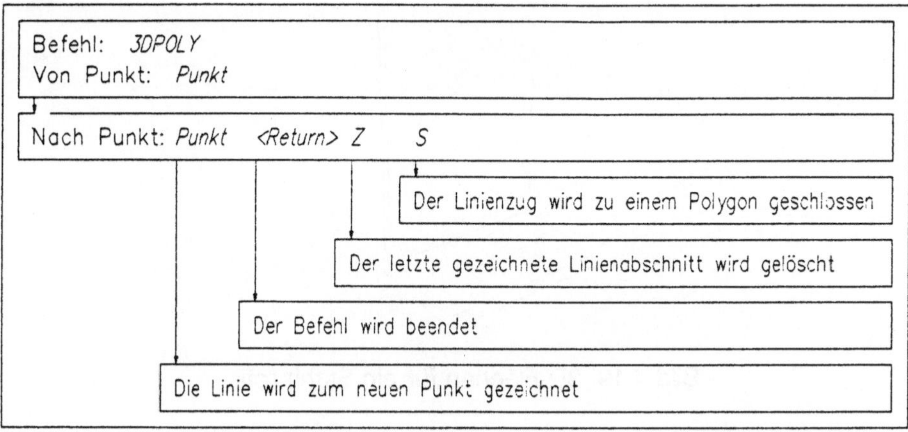

Tafel 4.24: Der Befehl "3DPOLY"

Flächen

Mit dem Befehl "3DFLAECH" lassen sich Flächen in beliebiger Lage im Raum erzeugen. Diese Flächen müssen nicht unbedingt planar sein. Sie werden durch drei oder vier Eckpunkte definiert. Das folgende Bild zeigt, wie ein Stahlprofil aus einzelnen 3D-Flächen zusammengesetzt wird, der Anschaulichkeit halber sind sie im Obergurt auseinander geschoben worden.

Trotz der Beschränkung in der Eckenzahl lassen sich beliebig komplizierte Flächen dadurch zusammensetzen, daß einzelne Kanten der Fläche als unsichtbare Kanten definiert werden können. Hierfür ist lediglich vor der Eingabe der ersten Punktes dieser Kante ein "U" für unsichtbar einzugeben. Mit etwas Vorplanung lassen sich auch kompliziertere Flächen in einem Zuge zeichnen, wie beispielsweise das Wandstück mit der Fensteraussparung.

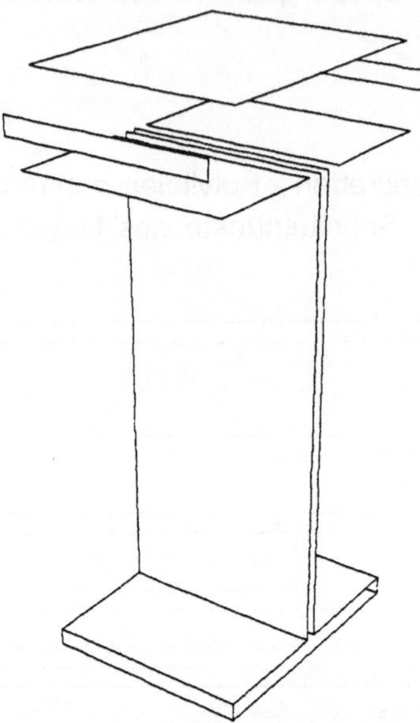

Bild 4.19: 3D-Flächen für ein Stahlprofil

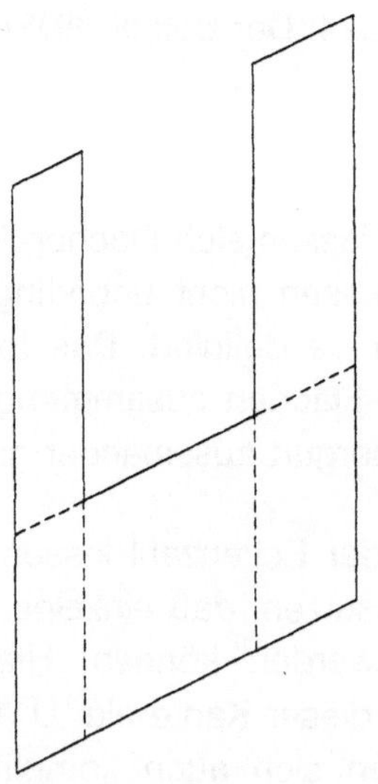

Bild 4.20: Zusammengesetzte 3D-Fläche

Da man die unsichtbaren Kanten manchmal doch editieren und verändern
muß, lassen sie sich mit der Systemvariablen "SPLFRAME" sichtbar machen

Befehl:SETVAR
Variablenname oder ?:*SPLFRAME*
Neuer Wert für SPLFRAME < aktuell >:*1*

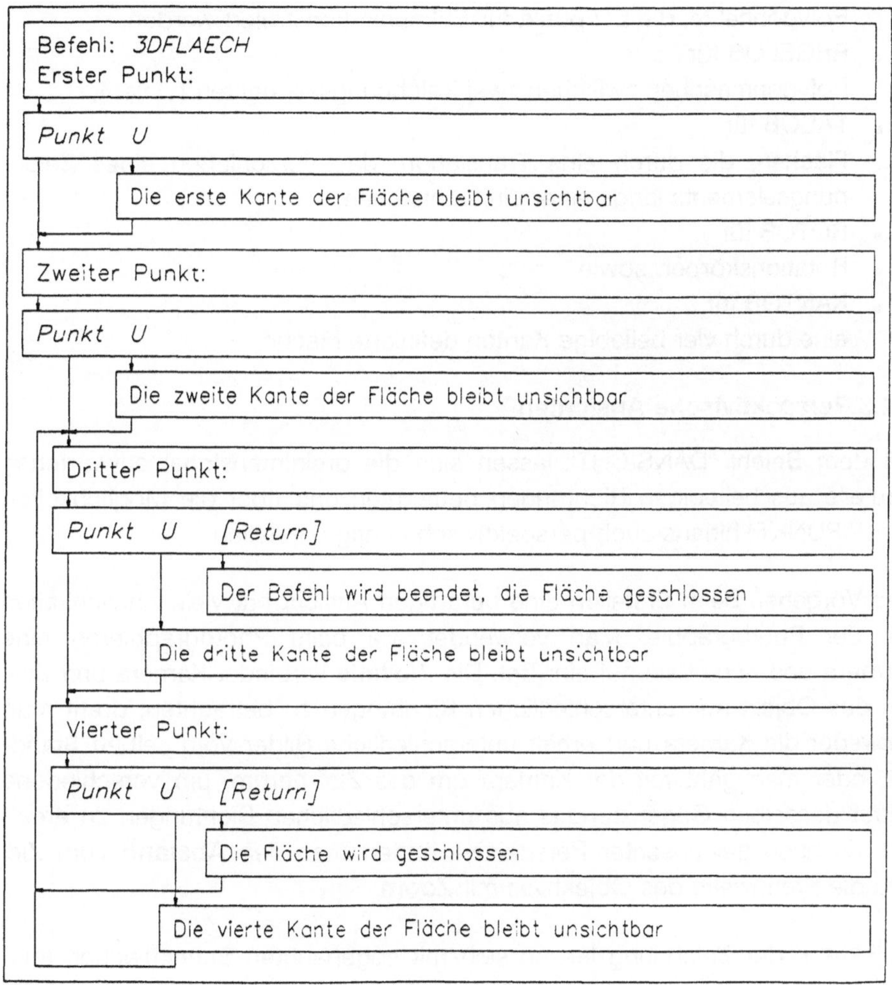

Tafel 4.25: Der Befehl "3DFLAECH"

Zusammengesetzte Flächen

Verschiedene Flächen, die sich in AutoCAD nicht als eine Fläche zeichnen lassen, müssen aus Teilflächen in Form von 3D-Flächen zusammengesetzt werden. Dies darf nicht allzu mühsam sein, deshalb wurde die Flächenerzeugung für wichtige Flächen automatisiert. Dies sind:

- 3DMASCHE für
  Polygonnetze, die Eckpunkt für Eckpunkt konstruiert werden,
- REGELOB für
  Polygonmaschen zwischen zwei Zeichnungselementen (Linien),
- TABOB für
  Flächen, die durch eine Translation, das Verschieben eines Zeichnungselements längs einer Linie entstehen,
- ROTOB für
- Rotationskörper, sowie
- KANTOB für
  eine durch vier beliebige Kanten definierte Fläche.

4.4.3. Perspektivische Ansichten

Mit dem Befehl "DANSICHT" lassen sich die dreidimensional entworfenen Bauteile aus beliebigen Richtungen betrachten und über die Möglichkeiten von "APUNKT" hinaus auch perspektivisch richtig darstellen.

Das Vorgehen beim Erstellen eine derartigen Ansicht hat viele Ähnlichkeiten mit der Photographie. Man verwendet wie beim Photographieren eine **Kamera** und richtet sie auf ein **Ziel**. Die **Ziellinie** verbindet Kamera und Ziel. um das Objekt aus unterschiedlichen Richtungen zu betrachten, dreht man entweder die Kamera und erhält unterschiedliche Bilder vom selben Standort, oder man geht mit der Kamera um das Ziel herum, um verschiedene Bilder desselben Gegenstandes aus unterschiedlichen Richtungen zu erhalten. Je nach gewünschter Perspektive ändert man den **Abstand** zum Ziel und die Brennweite des Objektives mit **Zoom**.

Objekte in der Zeichnung lassen sich mit sogenannten Schnittflächen ausblenden, die senkrecht auf der Ziellinie beliebig weit von der Kamera entfernt plaziert werden können. Die vordere Schnittfläche blendet alle Objekte aus, die zwischen ihr und der Kamera liegen, die hintere schneidet alle Objekte ab, welche hinter ihr liegen. Da diese Schnittflächen nicht nur in der perspektivischen Darstellung sondern auch in der Parallelprojektion einzusetzen sind, lassen sich mit "DANSICHT" aus dreidimensional konstruierten Bauwerken Schnitte für die Entwurfsdarstellung erzeugen.

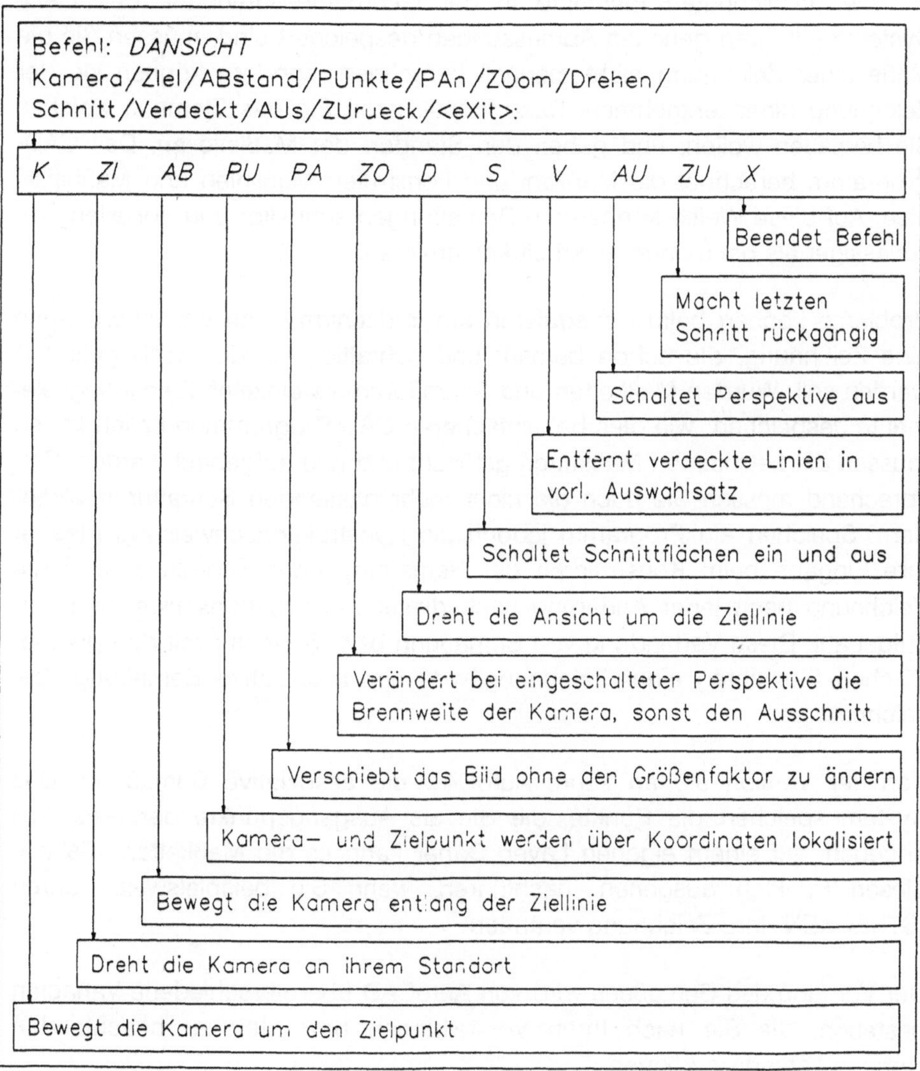

Tafel 4.26: Der Befehl "DANSICHT"

5. Zeichentechniken des CAD

5.1. Bemaßung

Da alle gezeichneten Elemente in der Geometrie-Datenbank des CAD-Systems mit ihren genauen Abmessungen gespeichert sind, müssen Sie die Maße einer Zeichnung nicht manuell berechnen, sondern können sie der Zeichnung direkt entnehmen. Dazu identifizieren Sie das Element, welches Sie bemaßen wollen, und geben den Standort der Maßlinie an. Das CAD-Programm berechnet die Maßzahl und konstruiert Maßlinien und Maßhilfslinien. Auf diese Weise können Sie Bemaßungen schneller und vor allem zuverlässiger als bei manueller Arbeit konstruieren.

Probleme können beim Konstruieren am Bildschirm dann entstehen, wenn eine Zeichnung, die schon bemaßt und schraffiert wurde, noch geändert werden soll. Wurden Maßketten und Schraffuren als einzelne Zeichnungselemente gespeichert, wie dies bei einfacheren CAD-Programmen üblich ist, so müssen die betroffenen Maßketten gelöscht und neu aufgebaut werden. Entsprechend müssen Sie auch die nicht mehr passenden Schraffuren verändern. Speichert ein Programm jedoch die Konstruktionsanweisung (das ist Ihre Eingabe beim Konstruieren der Bemaßung oder Schraffur), wird die Zeichnung nach jeder Änderung nach dieser Konstruktionsanweisung neu aufgebaut. Diese Verbindung von Bemaßung bzw. Schraffur mit den geometrischen Elementen einer Zeichnung wird als "assoziative Bemaßung" bezeichnet.

Von der Version 9.0 an kennt AutoCAD die assoziative Bemaßung. Das System speichert die Punkte, die Sie als Ausgangspunkte der Hilfslinien angeben, auf einem eigenen Layer. Daher kann es die Maßketten, die von diesen Punkten ausgehen, nachführen, wenn Sie beispielsweise durch "STRECKEN" Ihre Zeichnung verändern.

Der Vorgang des Bemaßens wird von AutoCAD über verschiedene Variablen gesteuert, die Sie nach Ihren Vorstellungen bzw. den zu beachtenden Normen verändern können.

5.2. Der Bemaßungsbefehl in AutoCAD

Mit dem Befehl "BEM" werden Objekte einer Zeichnung bemaßt.

Nach dem Befehlsaufruf "BEM"meldet sich AutoCAD, solange Sie sich im Bemaßungsmodus befinden, statt mit "Befehl:" mit "Bem:". Die verfügbaren Bemaßungsbefehle können in fünf Gruppen eingeteilt werden:

- Befehle für Linearbemaßungen
- Befehle für Winkelbemaßungen
- Befehle für Durchmesserbemaßungen
- Befehle für Radienbemaßungen
- Befehle für Hilfsbemaßungen

Innerhalb dieser Gruppen bestehen folgende Optionen:

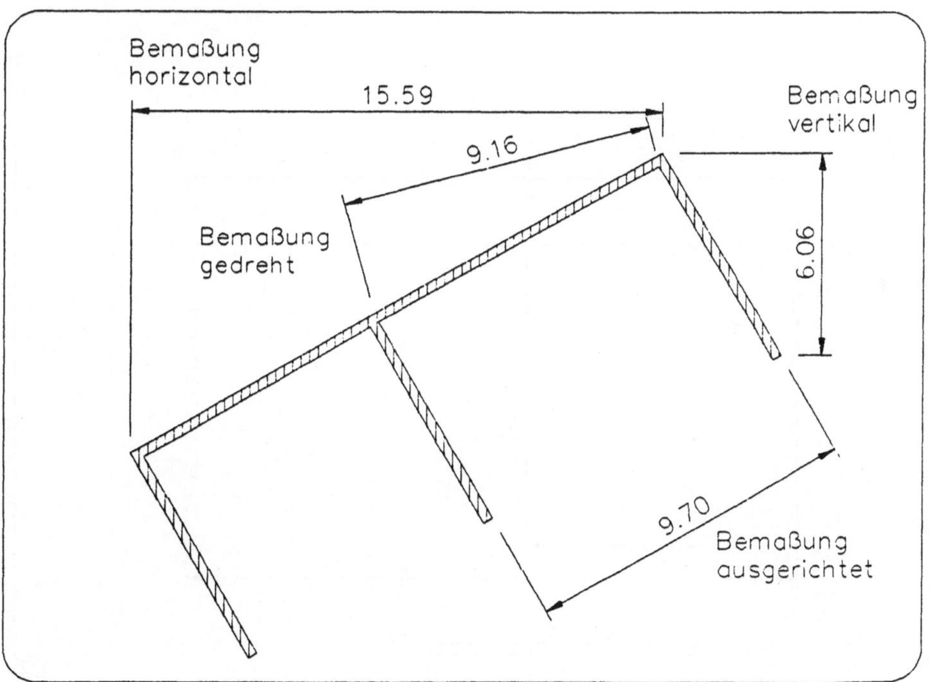

Bild 5.1: Lineare Bemaßung

5.2.1.Befehle für Linearbemaßungen

- HORizontal
  Es wird mit einer horizontalen Maßlinie bemaßt.
- VERtikal
  Es wird mit einer vertikalen Maßlinie bemaßt.
- AUSrichten
  Die Maßlinie wird parallel zur Verbindungslinie der beiden Bemaßungs-
  punkte gezogen.
- DREhen
  Die Maßlinie wird in einem einzugebenden Winkel gezeichnet.
- BASislinie
  Die nächste Bemaßung wird auf die erste Mahilfslinie der ersten Be-
  maßung bezogen.

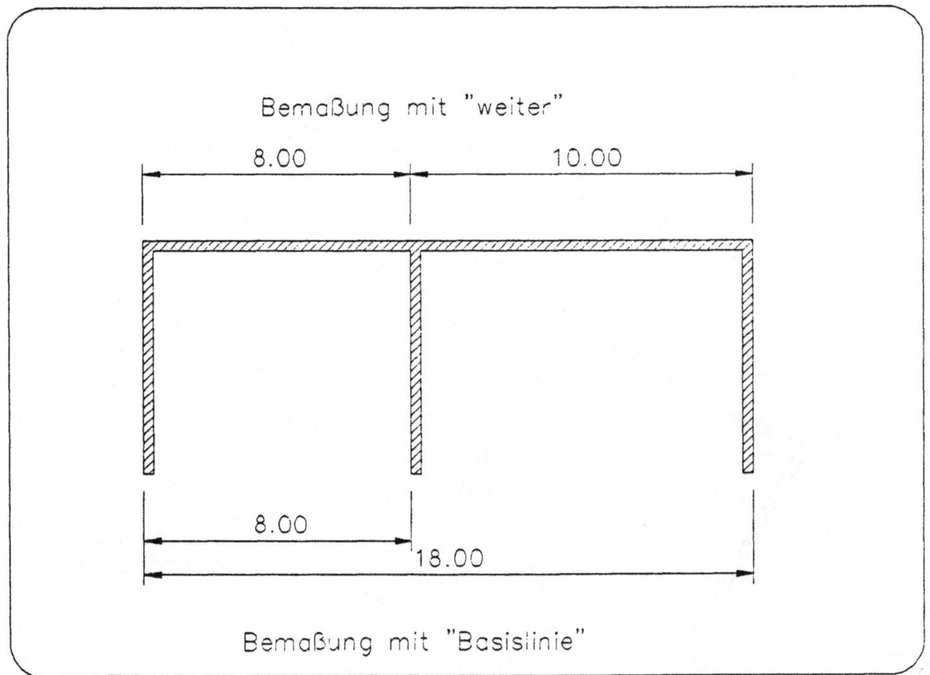

Bild 5.2: Maßketten

- WEIter
  Die nächste Bemaßung wird auf die zweite Hilfslinie der vorhergegangenen Bemaßung bezogen

Befehle für Winkelbemaßungen

- WINkel
  Es wird ein Bogen gezeichnet, der den Winkel zwischen zwei nicht parallelen Linien umschließt.

5.2.2. Befehle für Kreis- und Bogenbemaßungen

- DURchmesser
  Es wird der Durchmesser eines Kreises oder Bogens bemaßt.
- RADius
  Es wird der Radius eines Kreises oder Bogens bemaßt. Das Zentrum oder die Zentrumslinie ist frei wählbar.
- ZENtrum
  Es wird das Zentrum bzw. die Zentrumslinie eines Kreises oder Bogens gezeichnet.

5.2.3. Weitere Bemaßungsbefehle

- eXIt
  Der Befehl BEM wird verlassen. Alternativ kann auch die Tastenkombination CTRL C gedrückt werden.
- FUEhrung
  Es wird eine Linienfolge gezeichnet, um die Bemaßung gesteuert plazieren zu können.
- NEUzeich
  Entspricht dem normalen Befehl NEUZEICH.
- STAtus
  Die Bemaßungsvariablen samt deren aktuellen Werten werden angezeigt.
- STIL
  Es wird auf einen anderen Textstil umgeschaltet.

- LOEschen
  Der zuletzt eingegebene Bemaßungstext wird gelöscht.

5.3.Bemaßungsvariable

Verschiedene Systemvariable von AutoCAD steuern den Bemaßungsvorgang. Sie sind zum großen Teil Ein/Aus - Schalter, teilweise auch Maßzahlen. Die Bemaßungsvariablen verändern Sie, indem Sie im Bemaßungsmenü den Namen der Variablen eingeben und diese auf den gewünschten Wert setzen.

5.3.1.Allgemeine Bemaßungsvariablen

- BEMGFLA
  Größenfaktor für alle Maßzahlen von Linearbemaßungen
  Alle von AutoCAD berechneten Maße werden mit diesem Faktor multipliziert. So können Sie in der Maßeinheit cm entwerfen und sich die Maße bei der Bemaßung in m umrechnen lassen.
- BEMFKTR
  Größenfaktor für alle Variablen, welche das Bild der Linearbemaßungen beeinflussen.
- BEMASSO
  "Assoziative" Bemaßung
  alle Teilelemente, welche eine Bemaßung bilden, werden als ein Block betrachtet, zusammen mit der folgenden Variable entsteht eine assoziative Bemaßung.
- BEMZUG
  Nachzug der Maßzahlen beim Verändern der Zeichnungselemente
  AutoCAD berechnet nach jeder Veränderung eines Elements die Maßzahl neu. Dies gibt einerseits die Sicherheit stets richtiger Maßzahlen, kostet allerdings viel Zeit beim Zeichnungsaufbau.

5.3.2.Variable für die Maßlinie

- BEMVML
  Verlängerung der Maßlinie

Diese Variable gibt an, wie weit die Maßlinie über die Hilfslinie hinaus verlängert wird.

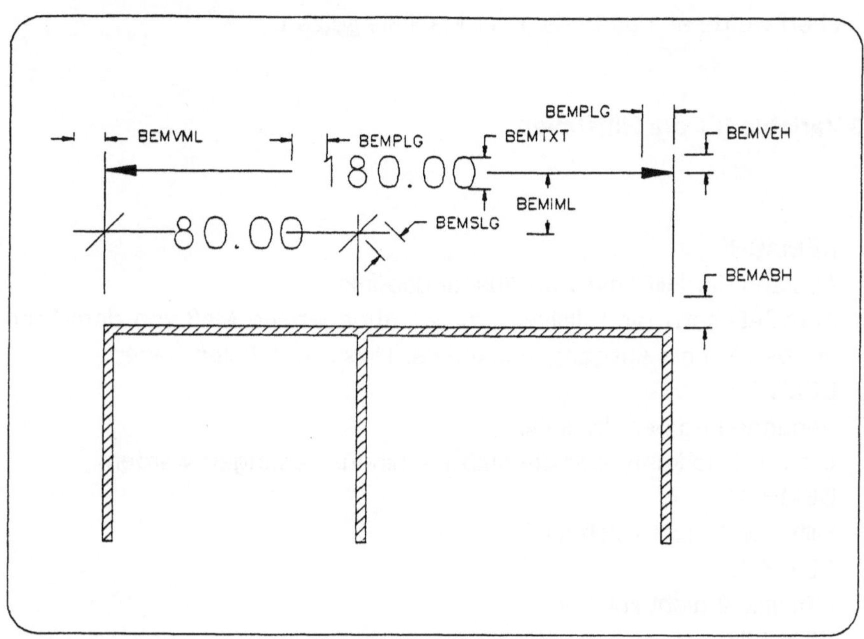

Bild 5.3: Maßhilfslinien

- **BEMIML**
  Inkrement Maßlinie
  Damit bei Bemaßung von einer Basislinie aus der Text der vorhergehenden Maßlinie nicht überschrieben wird, verschiebt ihn AutoCAD um BEMIML.
- **BEMPLG**
  Pfeillänge.
  Die Variable beeinflußt die Pfeillänge am Ende der Maßlinie. Setzt man sie zu Null, wird kein Pfeil gezeichnet.
- **BEMSLG**
  Strichlänge.
  Gibt an, wie lange der Schrägstrich am Ende der Maßlinie gezeichnet wird.

- **BEMBLK**
  Name des Blocks, der am Ende der Maßlinie gezeichnet wird.
  Hiermit können Sie beispielsweise einen Punkt, der als Block gespeichert wurde an das Ende jeder Maßlinie setzen.

5.3.3. Variable für die Hilfslinien

- **BEMABH**
  Abstand der Hilfslinie vom Ausgangspunkt.
  AutoCAD setzt die Hilfslinie um das angegebene Maß von dem Punkt ab, den Sie als Ausgangspunkt einer Hilfslinie definiert haben.
- **BEMVEH**
  Verlängerung der Hilfslinie.
  Die Hilfslinie kann über die Maßlinie hinaus verlängert werden.
- **BEMH1U**
  Hilfslinie 1 nicht zeichnen
- **BEMH2U**
  Hilfslinie 2 nicht zeichnen
- **BEMZEN**
  Größe des Zentrumspunktes

5.3.4. Variable für die Lage des Maßtextes

- **BEMTOM**
  Text oberhalb der Maßlinie
  Je nach der Stellung dieses Schalters (Ein oder Aus) wird die Maßlinie durchgehend gezeichnet und der Maßtext über die Linie gesetzt, oder die Maßlinie für den Maßtext unterbrochen.
- **BEMTIH**
  Text innerhalb horizontal.
  Der Text innerhalb der Maßlinie (siehe Variable BEMTOM) kann entweder waagrecht (Ein) oder ausgerichtet (AUS) geschrieben werden.

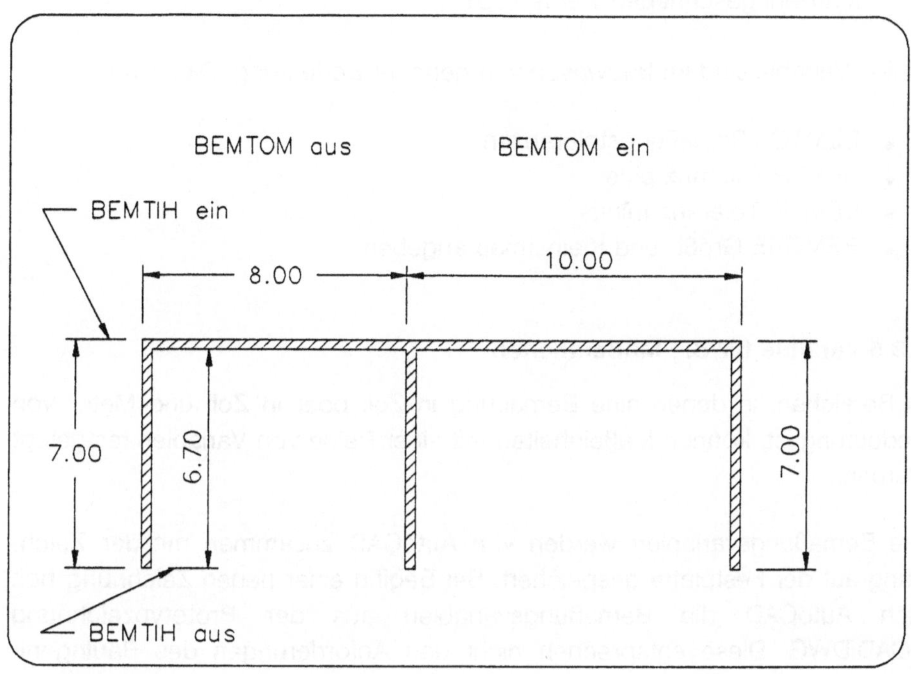

Bild 5.4: Bemaßungstexte

- **BEMTAH**
  Text außerhalb horizontal.
  Je nach der Stellung dieses Schalters wird der Maßtext außerhalb der
  Maßlinie waagerecht (EIN) oder ausgerichtet (AUS) geschrieben.

- **BEMTXT**
  Textgröße.
  Gibt die Höhe des Maßtextes in mm an.

- **BEMRND**
  Runden der Maßzahlen auf die gegebene Genauigkeit.
  Das von AutoCAD exakt ermittelte Maß wird auf den in BEMRND eingegebenen Wert gerundet - die Zahl der Nachkommastellen wird
  hiervon nicht beeinflußt.

- **BEMNACH**
  Zeichenkette nach der Maßzahl.
  Hiermit geben Sie den Text (z.B. "m" oder "mm") an, der nach der

Maßzahl geschrieben werden soll.

Einige Variable sind im Bauwesen von geringer Bedeutung. Dies sind:

- BEMTOL Bemaßungstoleranzen
- BEMTP Toleranz plus
- BEMTM Toleranz minus
- BEMGRE Größt- und Kleinstmaß angeben

5.3.5. Variable für die Maßeinheiten

In Bereichen, in denen eine Bemaßung in Zoll oder in Zoll und Meter von Bedeutung ist, können Maßeinheiten mit einer Reihe von Variablen festgelegt werden.

Die Bemaßungsvariablen werden von AutoCAD zusammen mit der Zeichnung auf der Festplatte gespeichert. Bei Beginn einer neuen Zeichnung holt sich AutoCAD die Bemaßungsvariablen aus der Prototypzeichnung ACAD.DWG. Diese entsprechen nicht den Anforderungen des Bauingenieurs. Sie sollten daher einige Bemaßungsvariable verändern und den Normen für Bauzeichnungen anpassen. Speichern Sie diese in einer eigenen Prototypzeichnung, stehen sie Ihnen ohne weitere Arbeit für jede neue Zeichnung zur Verfügung. Konstruieren Sie in der Maßeinheit Meter, so führen folgende Einstellungen zu einem befriedigenden Bild:

```
Befehl: bem
Bem: Bemtxt
Alter Wert: < > Neuer Wert: 0.25
Bem: bemplg
Alter Wert: < > Neuer Wert: 0.1(Abstand zwischen Hilfslinie und
Maßtext)
Bem: Bemslg
Alter Wert: < > Neuer Wert: 0.1 (gibt die Länge eines Halbstriches
an)
Bem: Bemabh
Alter Wert: < > Neuer Wert: 0.25
Bem: Bemveh
```

       Alter Wert: < > Neuer Wert: *0.25*
       Bem: *Bemiml*
       Alter Wert: < > Neuer Wert: *0.5*
       Bem: *Bemvml*
       Alter Wert: < > Neuer Wert: *0.25*
       Bem: X

Legt man, was bei der Gebäudeplanung meist der Fall ist, mehrere Maßketten nebeneinander, so stören die von den äußeren Maßketten durchlaufenden Hilfslinien, welche die inneren Maßlinien zerschneiden. Die Darstellung läßt sich, wie im Bild gezeigt, verändern, indem lediglich ein Block bestehend aus Kreis und Linie als ein Block "bblock" definiert wird und die folgenden Bemaßungsvariablen geändert werden:

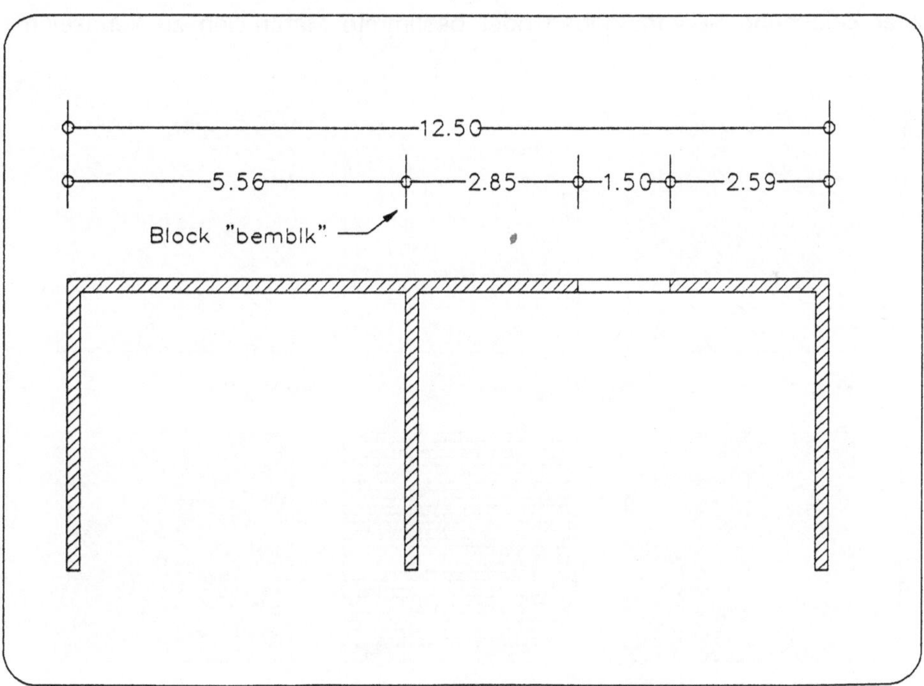

Bild 5.5: Bemaßung mit Block als Hifslinie

```
Befehl: Bem
Bem: bemslg
Alter Wert: < > Neuer Wert: 0.0
Bem: bemh1u
Alter Wert: < > Neuer Wert: ein
Bem: bemh2u
Alter Wert: < > Neuer Wert: ein
Bem: bemblk
Alter Wert: < > Neuer Wert: bblock
Bem: X
Befehl:
```

5.4.Schraffur

In der Zeichentechnik werden Flächen schraffiert, um verschiedene Teile
einer Zeichnung hervorzuheben oder bestimmte Materialien zu kennzeich-

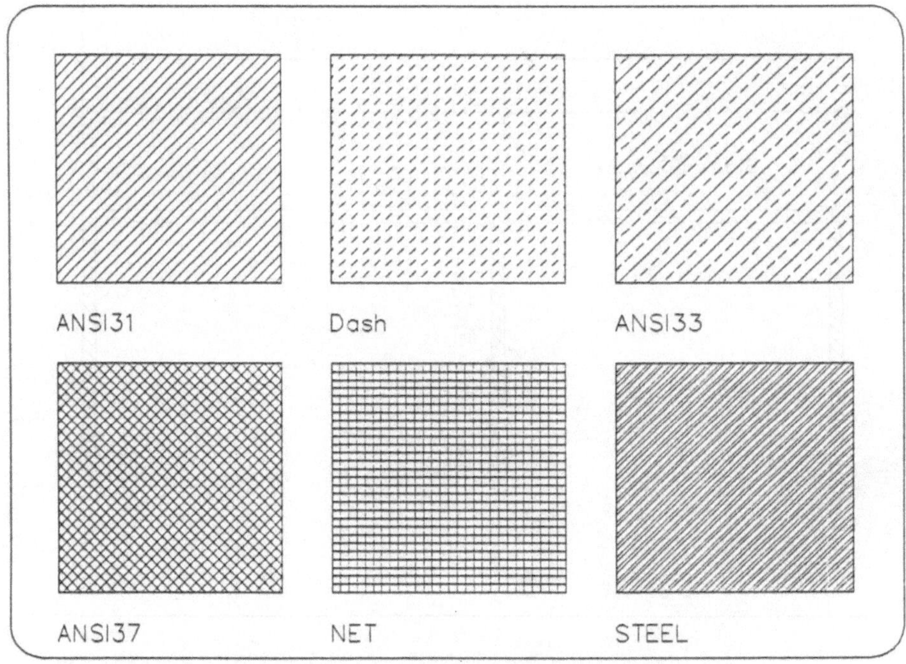

Bild 5.6: Beispiele für Schraffurmuster

von AutoCAD vordefinierten oder von Ihnen selbst konstruierten Mustern ausfüllen.

Besonders vorteilhaft ist die Möglichkeit, Schraffurstile im Dialogfenster auszuwählen, wie Sie ab Version 9 von AutoCAD angeboten werden.

Beim Schraffieren ist aus verschiedenen Gründen Vorsicht geboten:

Schraffuren werden als einzelne Linien gespeichert, was sehr viel Platz in der Zeichnungsdatei beansprucht. Seien Sie daher sparsam mit Schraffuren. Sichern Sie Ihre Zeichnung, bevor Sie mit der Schraffur beginnen.

Schraffuren sind zeitaufwendig. Schraffieren Sie Ihre Zeichnung erst, wenn sie fertiggestellt ist. legen Sie die Schraffuren auf besondere Layer, die Sie ausschalten können, wenn Ihnen der Bildaufbau zu langsam wird.

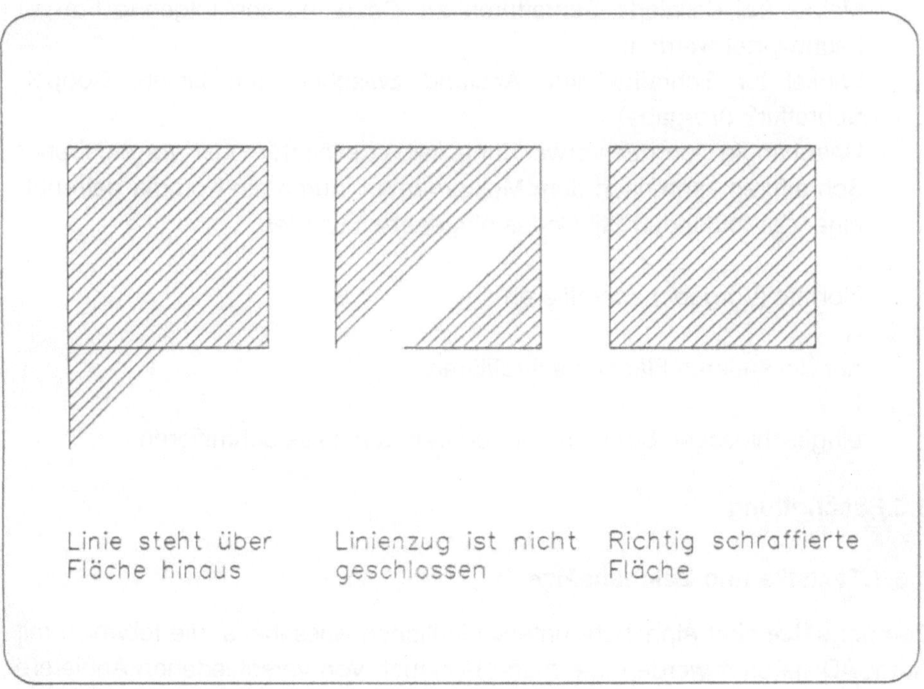

Bild 5.7: Fehlerquellen bei Schraffuren

Die Begrenzungselemente einer Schraffur dürfen weder über die zu schraf-
fierende Fläche hinausstehen, noch dürfen sie Lücken aufweisen. Die schraffierte Fläche entspricht sonst nicht Ihren Vorstellungen.

Nach dem Befehlsaufruf "SCHRAFF" stehen folgende Optionen zur Wahl:

- ?
  Zeigt die Bibliothek AutoCAD-Standard-Schraffuren.
- Name
  Bezeichnet eine Schraffurenvariante. Wird der Name einer vorher defi-
  nierten Schraffur, z.B. aus der Standard-Schraffur-Bibliothek eingege-
  ben, dann sind zwei weitere Angaben erforderlich.
- Größe (Vorgabe) und Winkel (Vorgabe)
  Damit werden die Abstände der Schraffurlinien und deren Neigung zur
  Horizontalen bestimmt.
- B
  Meldet frei definierte Schraffuren an. Dazu müssen folgende Fragen
  beantwortet werden:
- Winkel für Schraffurlinien, Abstand zwischen den Linien, Doppel-
  Schraffur? (Vorgabe)
  Unabhängig von der Verwendung selbstdefinierter oder vorgegebener
  Schraffuren kann nach dem Musternamen, durch ein Komma getrennt,
  einer der folgenden Stil-Codes eingegeben werden:
- N
  Normal (Vorgabe) schraffieren
- A
  nur die äußeren Flächen schraffieren
- I
  eingeschlossene Strukturen ignorieren, d.h. alles schraffieren

5.5. Beschriftung

5.5.1. Textstile und Zeichensätze

Zeichensätze sind Alphabete unterschiedlichen Aussehens, die teilweise mit
AutoCAD geliefert werden, die man aber auch von verschiedenen Anbietern
erwerben oder letztlich selbst herstellen kann.

Die letzte Möglichkeit wird man wegen des damit verbundenen Arbeitsaufwandes nur wählen, wenn ein vorhandenes Alphabet um spezielle Sonderzeichen ergänzt werden soll. Schriften mit besonderer Signalwirkung, wie Outline-Schriften ober Schriften nach DIN wird man günstiger kaufen.

Textstile setzt man aus einem Zeichensatz und Zusatzinformationen zusammen. Zusätzlich zum Namen des Zeichensatzes enthält ein Textstil folgende Informationen:

- Texthöhe,
- Breitenfaktor,
- Neigungswinkel,
- Rückwärts-Anzeige
- Anzeige, ob auf dem Kopf und
- Anzeige, ob horizontal oder vertikal geschrieben wird.

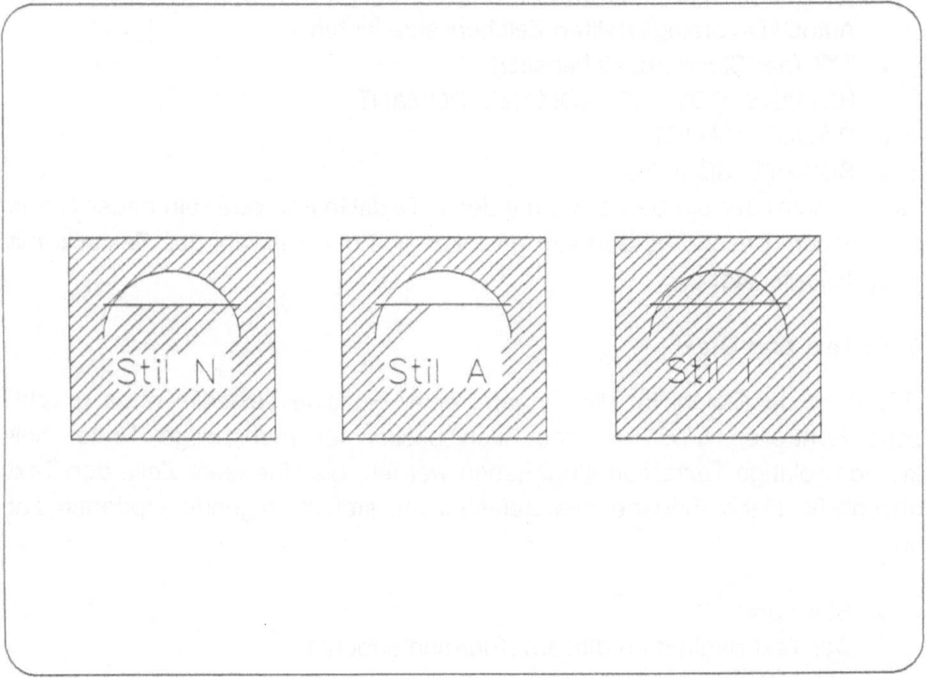

Bild 5.8. Die verschiedenen Schraffurstile

Zu jedem **Text** auf der Zeichnung ist im Rechner gespeichert, mit welchem Textstil er geschrieben wurde. So lassen sich die Zuordnungen von text, textstil und Zeichensatz auch nachträglich noch ändern.

Eine besondere Stellung nimmt der Textstil "Standard" ein, der bei jeder neuen Zeichnung automatisch verwendet wird. Ändern Sie diesen textstil in der Prototypzeichnung ACAD.DWG, ist Ihre Auswahl bei allen neuen Zeichnungen automatisch voreingestellt.

5.5.2.Stil

Mit dem Befehl "STIL" kann der Textstil verändert werden.

Nach Eingabe des Befehlswortes stehen folgende Optionen zur Wahl:

- ?
  Es werden alle verfügbaren Textstile aufgelistet. Die wichtigsten, von AutoCAD voreingestellten Zeichensätze lauten:
- TXT (der Standardzeichensatz)
- ROMANS, ROMAND, ROMANC, ROMANT
- ITALICC, ITALICT
- SCRIPTS, SCRIPTC

Es wird entweder ein bereits vorhandener Textstilname oder ein neuer Name eingegeben. Besonders bequem gestaltet sich die Auswahl des Textstils mit dem Dialogfenster.

5.5.3.Text und Dtext

"TEXT" ist der Befehl für die Eingabe einer einzelne Textzeile ohne graphische Kontrolle, "DTEXT" eignet sich besser für mehrzeilige Texte, hier können solange Textzeilen eingegeben werden, bis eine leere Zeile den Text abschließt. Nach Eingabe des Befehlsworts stehen folgende Optionen zur Wahl:

- Startpunkt
  Der Text beginnt an diesem Koordinatenpunkt.
- Ausrichten
  Nach Eingabe von zwei Punkten wird der Text auf der Verbindungslinie der beiden Punkte geschrieben.

- Zentrieren
  Der Mittelpunkt des Textes wird auf den eingegebenen Koordinaten-
  punkt gelegt.
- Einpassen
  Nach Eingabe von zwei Endpunkten wird der Text so gestreckt oder
  gestaucht, daß er zwischen die beiden Punkte paßt.
- Mitte
  Der Mittelpunkt des Textes wird sowohl in senkrechter als auch in
  waagrechter Textausdehnung auf den eingegebenen Koordinatenpunkt
  gelegt.

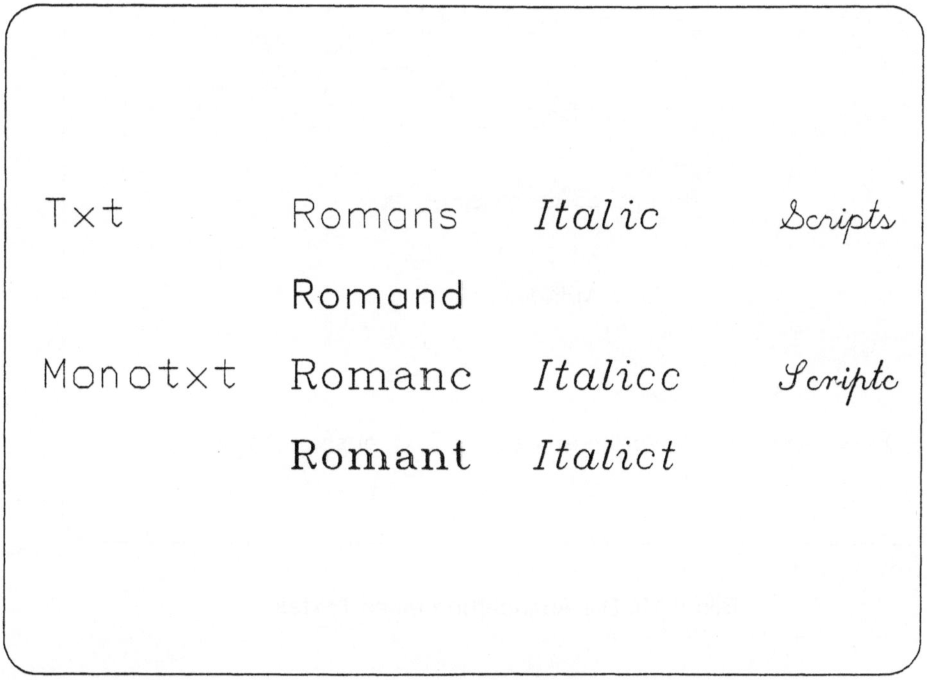

Bild 5.9: Schriftarten

- Rechts
  Der eingegebene Koordinatenpunkt wird als rechter Endpunkt des
  Textes betrachtet.

- Stil
  Damit kann ein neuer Textstil eingegeben werden. Danach folgt die Frage nach dem Startpunkt.
- "Enter"
  Es wird sofort nach dem Text gefragt. Dieser wird dann unter die letzte Textzeile unter Verwendung der alten Daten für Stil, Größe usw. geschrieben.

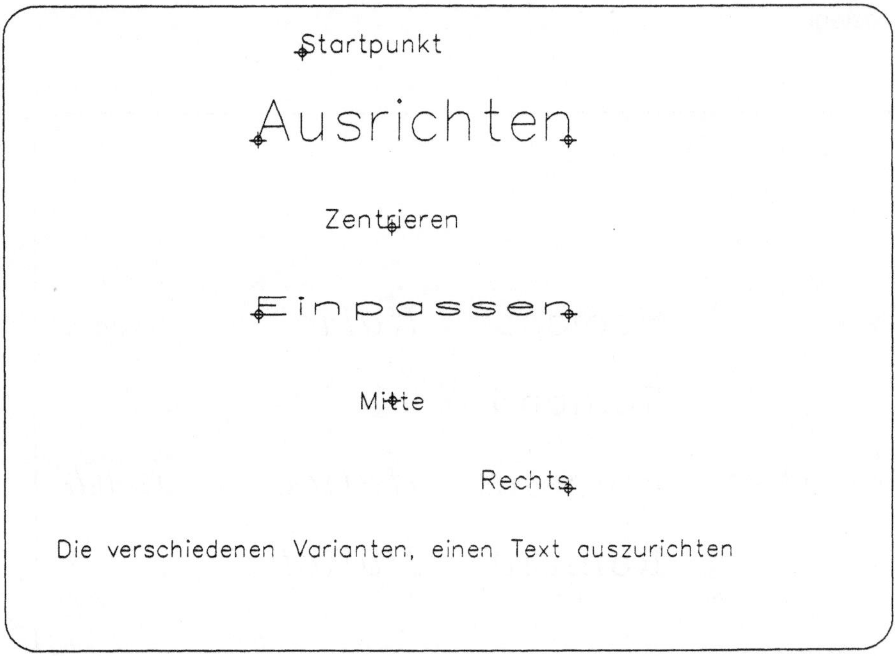

Bild 5.10: Die Ausrichtung eines Textes

5.6. Beispielzeichnung

Die bisher erarbeiteten Zeichentechniken sollen nun bei der Konstruktion eines Querschnittes für eine Brücke aus Walzträgern in Beton angewandt werden.

Zeichnen Sie in in einem ersten Schritt den Brückenquerschnitt, nutzen Sie
des Symmetrie aus und spiegeln Sie den halben Querschnitt.

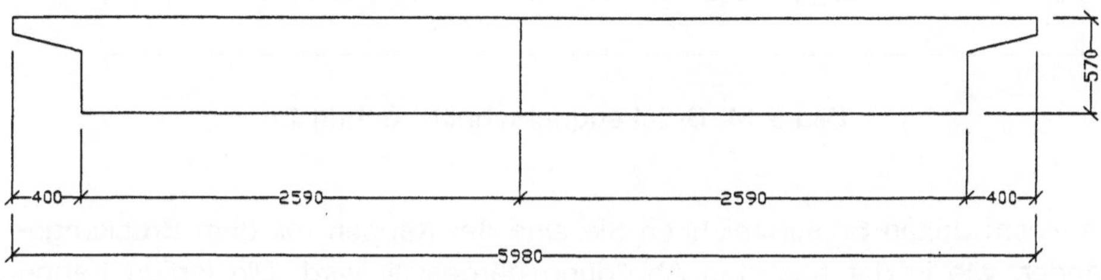

Bild 5.11: Brückenquerschnitt - Schritt 1

Die Maße für die Randausbildung zeigt die zweite Abbildung.

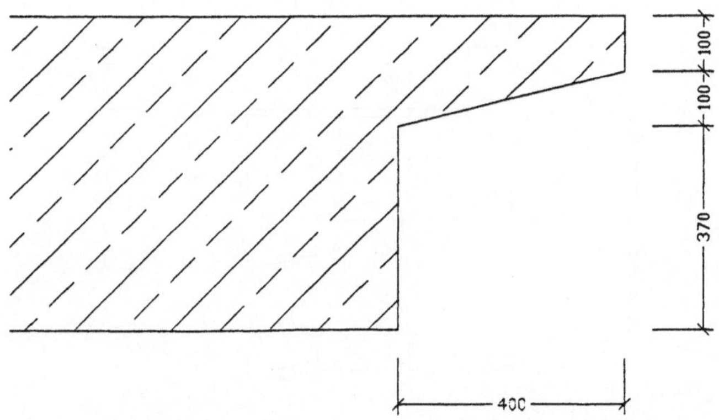

Bild 5.12: Brückenquerschnitt - Randausbildung

Konstruieren Sie einen Träger IPE 500 in der Symmetrieachse der Brücke,
kopieren Sie ihn mit "REIHE" nach beiden Seiten

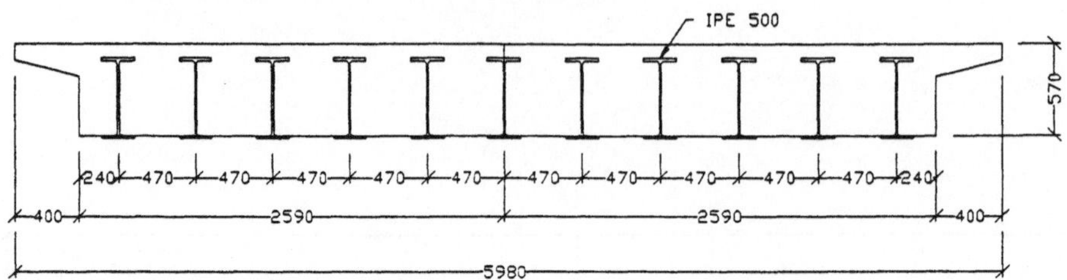

Bild 5.14: Brückenquerschnitt - Schritt 2

In einem dritten Schritt zeichnen Sie eine der Kappen mit dem Brückenge-
länder, wie in der nächsten Abbildung dargestellt wird. Die fertige Kappe
können Sie mit "SPIEGELN" seitenverkehrt auf die linke Seite kopieren.

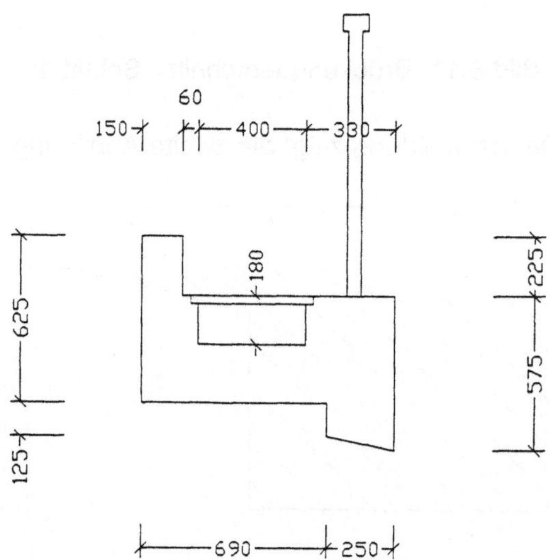

Bild 5.13: Brückenquerschnitt - Schritt 3

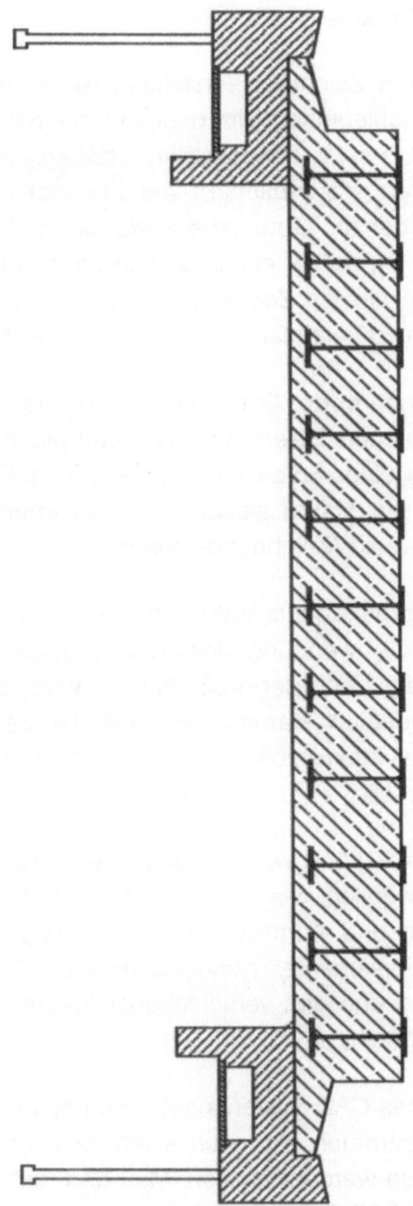

Bild 5.15: Brückenquerschnitt

6. Spezielle Arbeitstechniken

Ziel der rechnergestützten Zeichnungserstellung ist es, die Zeichentätigkeit zu vereinfachen und beschleunigen. Um dies zu erreichen muß der Zeichenvorgang, wie Sie ihn bis jetzt kennengelernt haben, weiter automatisiert werden. Das Konstruieren am Bildschirm war bis jetzt noch nicht frei von Routinearbeiten. Jeder, der die Übungsbeispiele bis hierher durchgearbeitet hat, wird festgestellt haben, daß er einige Befehlskombinationen mehrmals in derselben Folge für eine einzige Zeichnung eingeben mußte. Diese dochlästigen Routinetätigkeiten zu vereinfachen ist Aufgabe der Makros.

Unter Makros versteht man in der Datenverarbeitung das Ersetzen einer Befehlsfolge durch einen neuen Befehl. Im computergestützten Entwurf kann dies ein Makro in Form einer Folge von Zeichen- und Editierbefehlen (Befehlsmakro) oder auch ein Makro als Zeichnungselement - Ergebnis einer derartigen Befehlsfolge - sein (Zeichnungsmakro).

Das Einrichten von Bibliotheken aus Makros beider Arten ist der hauptsächliche Grund dafür, daß die Anwendung eines CAD-Systems eine lange Einführungsphase benötigt, bevor sich der große Nutzen einer solchen Anlage voll bemerkbar macht. Im Idealfall stammt dann bei der Zeichnungserstellung jedes Element aus einer Makrobibliothek oder aus dem Archiv der früher einmal konstruierten Bauteile.

Diese Arbeitstechnik des Zurückgreifens auf vorbereitete Zeichnungsteile ist nicht so starr und unbeweglich, wie dies zunächst scheinen mag. Ein Zeichnungsmakro ist in Form und Abmessungen keineswegs so starr, wie beispielsweise Fertigteil-Bauelemente. Kennzeichen der Makros ist vielmehr, daß sie veränderbar sind und den verschiedenen geometrischen Bedingungen angepaßt werden können.

Die Makro-Bibliothek eines CAD-Systems setzt sich aus einer großen Menge von Teilzeichnungen zusammen, die nach einem bestimmten System archiviert und wieder gefunden werden müssen. Man darf nicht davon ausgehen, daß mit dem Kauf eines CAD-Systems der gewünschte wirtschaftliche Erfolg von selbst einsetzt. Im Gegenteil, es steigt der Arbeitsaufwand und sinkt die Effektivität der Arbeit dadurch, daß neben der Zeichenarbeit die Bibliothek der Makros aufgebaut und gepflegt werden muß. Was geliefert wird ist nicht viel mehr, als ein Skelett, das vom Anwender ausgefacht werden muß. Einmal erstellt bilden diese Archive einen unschätzbaren Wert, der das ganze planerische und konstruktive Wissen enthält. Der Aufbau der Bibliothek ist um so schneller abgeschlossen und um so lohnender, je weiter standardisiert die Aufgabenbereiche des Büros sind.

Von dieser Erkenntnis ausgehend ergibt sich die Notwendigkeit, CAD in einem Konstruktionsbüro für einen wesentlich längeren Zeitraum zu konzipieren, als die 5 Jahre, in denen die Geräte abgeschrieben werden. Es muß darauf geachtet werden, daß das gespeicherte Know-how nicht mit dem Erwerb des zweiten - größeren und schnelleren - CAD-Systems nach dem Abschreibungszeitraum verlorengeht.

6.1. Befehlsmakros

Die Bedienung von AutoCAD kann, wie Sie schon gesehen haben, auf drei verschiedene Arten erfolgen. Die umständlichste ist wohl die Befehlseingabe über die Tastatur. Schneller arbeiten Sie mit dem Menü, das AutoCAD am rechten Bildschirmrand einblendet und in dem Sie durch Zeigen mit der Maus auswählen können, welchen Befehl das System ausführen soll. Die schnellste Art der Befehlseingabe ist für alle Routineaufgaben das Antippen der Menüfelder auf einem Grafiktablett.

Wie alle ausgereiften CAD-Systeme bietet auch AutoCAD die Möglichkeit, häufig benutzte Befehlsfolgen unter einem neuen Namen zusammenzufassen. Der Schlüssel hierzu ist die Datei ACAD.MNU, die in Form einer Textdatei alle Standardmenüs von AutoCAD enthält. Sie wird von AutoCAD zu einer Datei ACAD.MNX kompiliert, was Speicherbedarf und Reaktionszeit vermindern soll.

6.1.1. Der Aufbau von ACAD.MNU

Die ASCII- Datei ACAD.MNU können Sie mit jedem Textverarbeitungsprogramm, welches ASCII-Dateien lesen und schreiben kann ohne Steuerzeichen einzufügen, anschauen und verändern. Die Datei hat fast 2500 Zeilen, was zunächst die Übersicht erschwert. Das gesamte Menüsystem besteht aus den sechs Menübereichen

- ***BUTTONS für die Tasten an Maus oder Grafiktablett,
- ***AUX1 für eine externe Funktionstastatur,
- ***SCREEN für die Bildschirmmenüs und
- ***TABLET1 bis ***TABLET4 für die vier Bereiche des Grafiktabletts.

Von der Version 9.0 an sind die Menübereiche

- ***POP1 bis ***POP7 für Abroll-Menüs in der obersten Bildschirmzeile und
- ***ICON für die Bildmenüs

Die Zeichen "***" stehen jeweils für den Beginn eines neuen Menübereiches.

Der Bereich ***SCREEN wird in einzelne Untermenüs aufgeteilt, die jeweils ein Menüfeld am rechten Bildschirmrand füllen. Sie beginnen in ***SCREEN jeweils mit "**" und einem Namen, mit dem sie von anderen Untermenüs aufgerufen werden. Das erste Menü, mit dem sich AutoCAD meldet heißt beispielsweise **S, es hat folgenden Inhalt:

```
**S
[AUTOCAD]$S = S
[* * * *]$S = OFANGB
[AUFBAU] ^ C ^ C(load "setup") $S = EINHEITEN

[BLOECKE]$S = X $S = BL
[BEM:]$S = X $S = BEM  ^ C ^ CBEM
[ANZEIGE]$S = X $S = AZ
[ZEICHNEN]$S = X $S = ZN
[EDIT]$S = X $S = ED
[FRAGE]$S = X $S = FRG
[LAYER:]$S = X $S = LAYER  ^ C ^ CLAYER
[MODI]$S = X $S = MODI
[PLOT]$S = X $S = PLOT
[DIENST]$S = X $S = DT
[3D]$S = X $S = 3D

[SICHERN:] ^ C ^ CSICHERN
```

In eckigen Klammern "[ ]" erkennen Sie die Menüpunkte, wie sie im Bildschirmmenü dargestellt werden. Das "$" - Zeichen verweist auf ein anderes
Untermenü, der dem "$" - Zeichen folgende Buchstabe auf den Menü-
bereich, in dem das Untermenü zu finden ist.

- P steht für die Abrollmenüs,
- S für die Menüs am rechten Bildschirmrand,
- I für die Bildmenüs.

Eine Zahlenangabe nach dem Menünamen veranlaßt AutoCAD, das neue
Menü nicht von der ersten Bildschirmzeile an zu schreiben, sondern erst in
der angegebenen Zeilen zu beginnen.

Da viele Menüpunkte auch während der Ausführung eines anderen Befehls
aufgerufen werden können, muß dafür Sorge getragen werden, daß der aktuelle Befehl abgebrochen wird. Bei Befehlen mit eigener Kommandozeile
wie "BEM" muß dafür zweimal "^C" eingegeben werden, dies wird im Menü
durch die Zeichenfolge "^C^C" erreicht.

Der Text nach der letzten Menübezeichnung ist dann der Befehlstext für
AutoCAD, welcher beim Anpicken des Menüpunktes mit der Maustaste ausgeführt wird.

6.1.2. Erstellen eigener Makros

Bei der Konzeption des Menüsystems müssen die Entwickler von CAD-Systemen vor allem auf einen logischen Aufbau der einzelnen Menüs achten,
denn nur in einem logisch aufgebauten System können Sie sich als nicht
geübter Benutzer zurechtfinden. Nur ganz selten entspricht der logische
Aufbau jedoch dem praktischen Arbeitsablauf beim Konstruieren, was Sie
daran erkennen, daß Sie sich beim Arbeiten mit Bildschirmmenüs häufig
durch mehrere Menüs bis zum gewünschten Befehl durcharbeiten müssen.
Dies hält bei der Arbeit ebenso auf, wie das Abarbeiten sich immer wiederholender Befehlsfolgen. Mit der Version 9 von AutoCAD wurde die Arbeit
dadurch erleichtert, daß die wichtigen Befehle - losgelöst von der bisherigen
Systematik - in Abrollmenüs erreichbar sind. Sie können sich diesen Gedan-

ken zunutze machen, indem Sie Ihre persönliche Arbeitsweise analysieren
und feststellen, welche Befehle und Befehlsfolgen Sie häufig nutzen. Hierfür
lohnt es sich, eigene Befehlsmakros und Bildschirmmenüs zu schreiben.

Wie einfach und wirkungsvoll dies möglich ist, soll an einem Beispiel deutlich
werden.

Wollen Sie in einer Konstruktion Linien zeichnen, so müssen Sie um den
Endpunkt der Linie bestimmen, immer wieder das Objektfang - Menü aufrufen. Mit folgendem Bildschirmmenü für das Linienzeichnen entfällt der Menü-
wechsel:

```
**LINIE 2
[LINIE:] ^C^CLINIE

[ZENtrum]ZENTRUM
[ENDpunkt]ENDPUNKT
[BASispkt]BASISPUNKT
[SCHnittp]SCHNITTPUNKT
[MITtelpt]MITTELPUNKT
[NAEchst]NAECHSTER
[PUNkt]PUNKT
[LOT]LOT
[QUAdrant]QUADRANT\
[TANgente]TANGENTE\

[weiter] ^C^CLINIE;;
[schliess]S
[zurueck]Z

[LETZTES]$S= $S=
[ZEICHNEN] ^C^C$S=X $S=ZN
[ EDIT ] ^C^C$S=X $S=ED
```

Bevor Sie sich daran wagen, eigene Befehlsmakros zu erstellen, kopieren
Sie sich unbedingt das Originalmenü unter einem anderen Namen und arbeiten Sie mit der Kopie. Einerseits werden andere Benutzer sicherlich auch

andere Ansichten über die für sie rationellste Arbeitsweise haben, andererseits können sich auch Ihre Vorstellungen ändern, Sie werden dann froh sein, daß Sie auf das unveränderte Originalmenü zugreifen können.

Bearbeiten Sie die Datei mit Ihrem persönlichen Menü mit Ihrem Textverarbeitungsprogramm und laden Sie es in AutoCAD mit dem Befehl "MENUE".

6.2. Zeichnungsmakros

Die nächstliegende Anwendung der Zeichnungsmakros ist das Zeichnen genormter, sich immer wiederholender Bauteile, wie z.B. Stahlprofile, Installationssymbole, Symbole für Wohnungseinrichtung. Sie lassen sich in einer Bibliothek von Zeichnungsteilen ablegen und von dort bei Bedarf abrufen. In AutoCAD werden solche Zeichnungsteile mit dem Befehl "BLOCK" zusammengefaßt und mit dem Befehl "EINFUEGE" in eine Zeichnung eingefügt.

6.2.1. Blöcke bilden

Block ist einer der wirkungsvollsten AutoCAD-Befehle. Nach seinem Aufruf stehen zwei Optionen zur Auswahl:

- "?"
  Damit werden alle Blöcke aufgelistet, die in der aktuellen Zeichnung bereits gebildet wurden.
- Blockname
  Sie können entweder einen bestehenden Block überarbeiten oder einen neuen Block bilden. Hierfür fragt das Programm zunächst nach dem
- Basispunkt der Einfügung. Diesen Einfügepunkt sollten Sie mit Blick auf die spätere Anwendung des Blockes so wählen, daß das Einfügen ohne Hilfskonstruktionen möglich schnell erfolgt. Alle zueinander gehörenden Blöcke sollten den Einfügepunkt an derselbes Stelle definieren (z.B. linke untere Ecke oder das Zentrum), so können Sie die verschiedenen Blöcke einfügen ohne in den Handbüchern nachschlagen zu müssen.

Zuletzt müssen die Zeichnungselemente identifiziert werden, die den Block bilden sollen. Hierfür stehen alle im Abschnitt über das Identifizieren erläuterten Methoden zur Verfügung. Schließen Sie das Identifizieren ab, so wird der

Block unter dem angegebenen Namen abgespeichert und verschwindet vom Bildschirm. Sie können ihn, sollten Sie ihn an der alten Stelle brauchen, mit "HOPPLA" zurückholen.

Ein Block kann Zeichnungselemente aus verschiedenen Layern enthalten. Beim Einfügen werden diese wieder auf dasselbe Layer gezeichnet, wie in der Blockdefinition. Solle das Layer in der Zeichnung noch nicht vorhanden sein, so wird es beim Einfügen neu erzeugt. Eine Ausnahme hiervon bildet das Layer 0, das Standardlayer von AutoCAD. Blöcke, die ausschließlich auf Layer 0 gezeichnet wurden, werden beim Einfügen auf das aktuelle Layer gezeichnet. Wenn Sie einen Block nicht nur für die aktuelle Zeichnung, sondern auch in weiteren Zeichnungen benötigen, schreiben Sie Ihn mit "WBLOCK" auf die Festplatte Ihres Rechners.

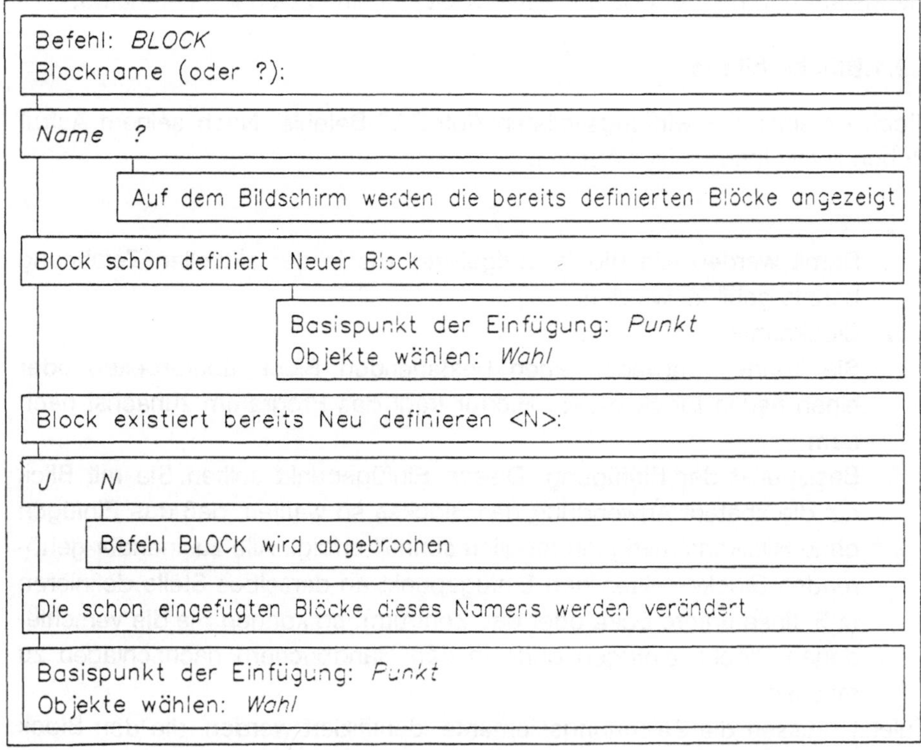

Tafel 6.1: Der Befehl "BLOCK"

6.2.2. Blöcke einfügen

Die mit dem Befehl "BLOCK" gebildeten Zeichnungsmakros können mit "EIN-FUEGE" an beliebiger Stelle der Zeichnung eingefügt werden. Zunächst fragt das Programm nach dem Einfügepunkt, auf den der Basispunkt des Blockes gesetzt wird. Dies ist der Basispunkt, der beim Bilden des Blockes mit "BLOCK" festgelegt wurde. Beim Einfügen kann der Block in x- und y- Richtung gedehnt oder gestaucht und um seinen Basispunkt gedreht werden.

Ein so eingefügter Block wird als ein einzelnes Zeichnungsobjekt behandelt und kann nur als ganzes verschoben, gedreht oder gelöscht werden. Wollen Sie Teile des Blockes einzeln behandeln, müssen Sie beim Einfügen dem Blocknamen das Zeichen "*" voranstellen. Einen eingefügten Block können Sie auch nachträglich mit dem Befehl "URSPRUNG" in seine Einzelteile auflösen.

Mit "EINFUEGE" können Sie auch eine fertige Zeichnung als Block in eine andere Zeichnung einfügen. Sie geben dann als Blocknamen den Namen der Zeichnungsdatei an, dem Sie bei Bedarf Laufwerksbezeichnung und Suchpfad voranstellen können. Beim Einfügen können Sie der eingefügten Zeichnung mit der Anweisung "Blockname = Zeichnungsname" einen neuen Namen geben. Eine Musterzeichnung mit Blattschnitt und Schriftfeld für DIN A 2, die unter dem Namen "A4" auf der Diskette im Laufwerk A gespeichert ist, wird mit der Anweisung

> **Befehl:** *EINFUEGE*
> **Blockname (oder ?):** *Rand = A:A4*

als Block "Rand" in die aktuelle Zeichnung eingefügt. Hängt man dem Blocknamen nur ein Gleichheitszeichen an und läßt die Angabe des Dateinamens weg, ignoriert das System einen bereits in der Zeichnung existierenden Blocknamen und sucht stattdessen auf der Festplatte im aktuellen Verzeichnis nach einer Zeichnung mit diesem Namen. Diese Möglichkeit gestattet Ihnen, einen schon mehrfach eingefügten Block in der gesamten Zeichnung automatisch zu ändern.

Mit den X-, Y- und Z-Faktoren können Sie bei Blöcken, die mit den Maßen 1 x 1 x 1 gezeichnet wurden, erreichen, daß die Abmessungen gleich den Faktoren werden. So können Sie beispielsweise ein Fenster im Grundriß als Block mit den Abmessungen 1 x 1 speichern und mit beliebigen Maßen in die Zeichnung einfügen.

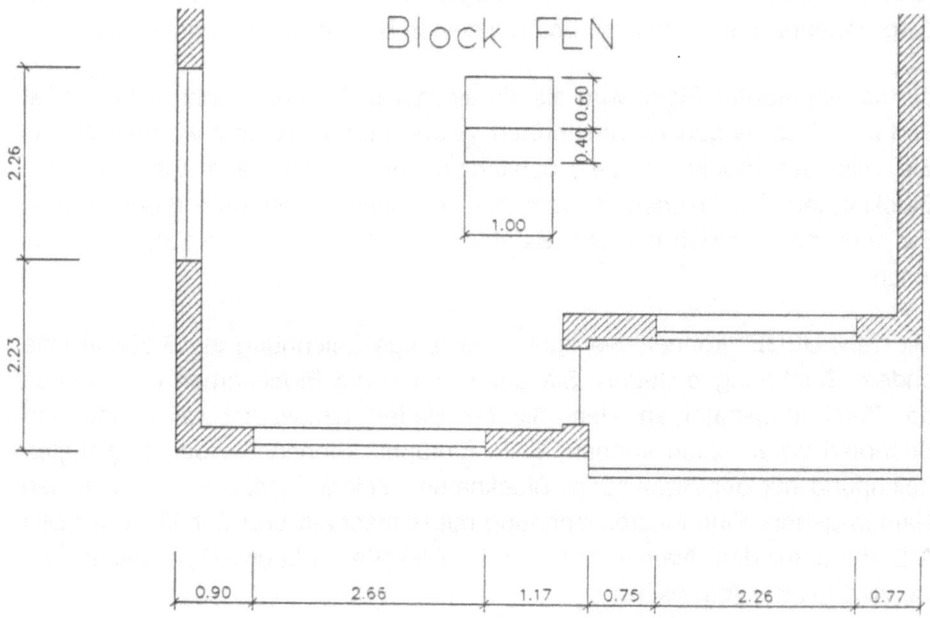

Bild 6.1: Block mit den Maßen 1x1 einfügen

Sollte die Zeichnung, welche Sie einfügen wollen, mehrere Blöcke enthalten, die sie voneinander getrennt behandeln wollen, so stellen Sie dem Zeichnungsnamen das Zeichen "*" voran. Mit

> **Befehl:** *EINFUEGE*
> **Blockname (oder ?):** **A4*

fügen Sie die Musterzeichnung so ein, daß Sie beispielsweise Schriftfeld und Rand getrennt bearbeiten können.

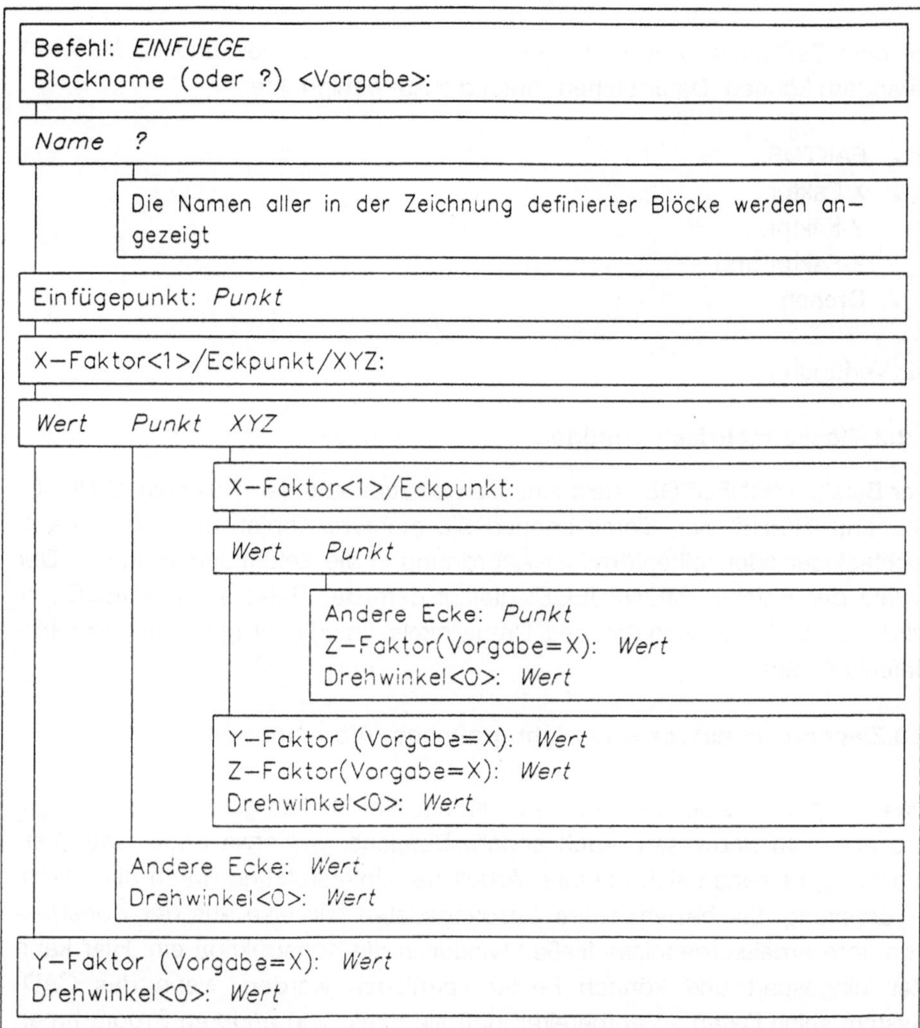

Tafel 6.2: Der Befehl "EINFUEGE"

Es fällt nicht immer ganz leicht, einen gedrehten und in seinen Maßen veränderten Block richtig einzupassen. Hier bieten die AutoCAD-Versionen ab 9.0
die Erleichterung, daß Sie bei der Frage

Einfügepunkt:

vor dem Bestimmen des Einfügepunkts den Block drehen und im Maßstab
verändern können. Dafür stehen Ihnen die Auswahlpunkte

- FAKTOR,
- X-Faktor,
  Y-Faktor,
  Z-Faktor und
- Drehen

zur Verfügung

6.2.3. Blöcke mehrfach einfügen

Der Befehl "MEINFUEGE" stellt eine Kombination aus den Befehlen "EINFUE-
GE" und "REIHE" dar. Damit können Sie mehrere Kopien eines Blockes in
rechteckiger oder reihenförmiger Anordnung in die Zeichnung einfügen. Der
Ablauf des Befehls "MEINFUEGE" gleicht dem des Befehls "EINFUEGE", er
wird nur nach der Angabe des Drehwinkels um die Fragen des "REIHE"-
Befehls ergänzt.

6.3. Zeichnungsmakros und nicht grafische Informationen

Das computergestützte Konstruieren ist nur ein Teil des gesamten Planungs-
prozesses im Bauwesen. Auch andere Bereiche, wie etwa Statik oder Vermessung, bedienen sich bei ihrer Arbeit der Unterstützung durch die Datenverarbeitung. Sie beziehen ihre Ausgangsdaten teilweise aus der Konstruktion. Ihre Arbeitsergebnisse fließen wieder in die Konstruktion ein. Hier kann
Zeit eingespart und können Fehler vermieden werden, wenn das CAD-
System seine Daten so aufbereitet, daß sie direkt von anderen Programmen
weiterverwendet werden können.

Eine Möglichkeit zur Weiterverarbeitung der Daten ist die Zuweisung von Attributen an Zeichnungsmakros. Diese Attribute sind vergleichbar mit Textein-
trägen, mit denen die Eigenschaften eines Blockes beschrieben werden.

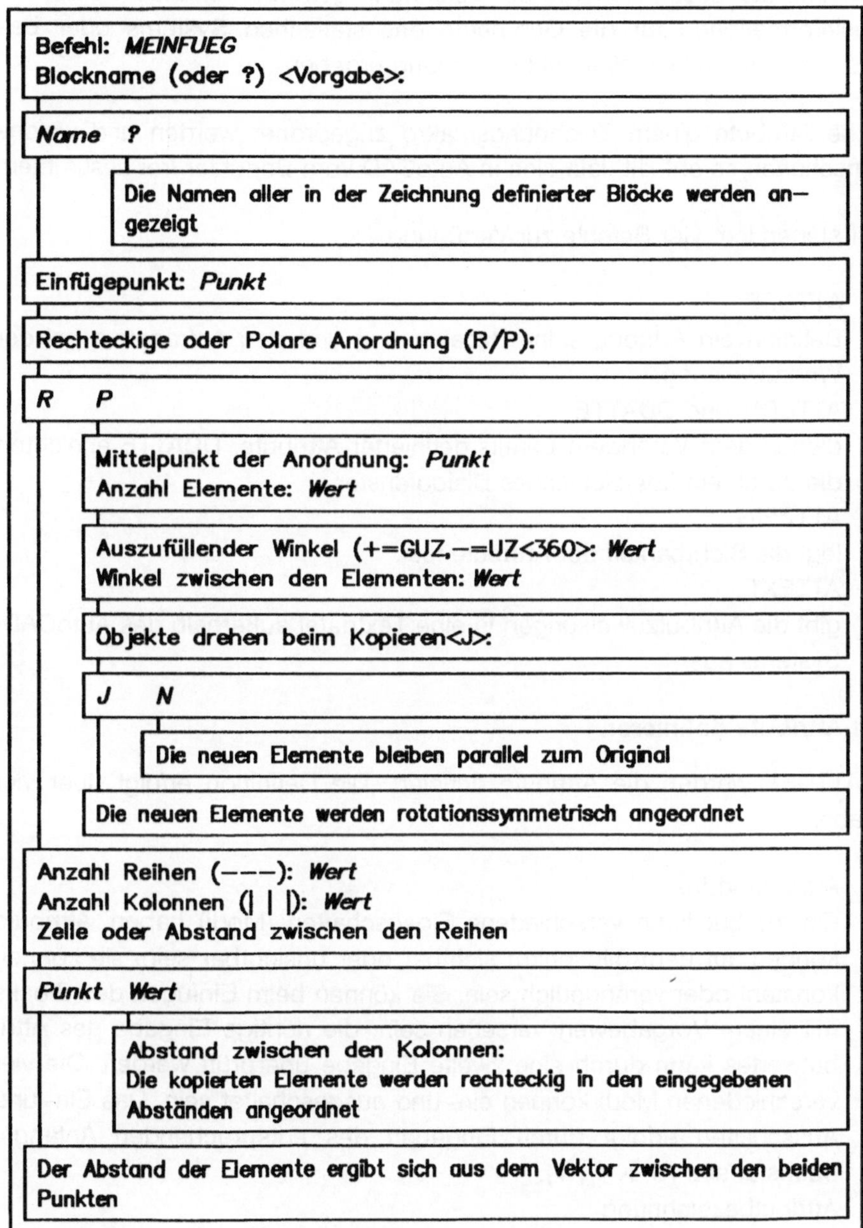

Tafel 6.3: Der Befehl "MEINFUEG"

Diese Attribute lassen sich von der Zeichnung getrennt behandeln und Ausgangsinformationen für die Geometrie des statischen Systems oder beispielsweise für die Wohnflächenberechnung ergeben.

Welche Attribute einem Zeichnungsmakro zugeordnet werden und welche Eigenschaften es enthält, läßt sich in AutoCAD vom Benutzer frei bestimmen.

Dafür stehen ihm vier Befehle zur Verfügung:

- ATTDEF
  Definiert ein Attribut, seine Bezeichnung und den Anfragetext bei der Wertzuweisung.
- ATTEDIT und DDATTE
  dienen dem Verändern bereits definierter Attribute. DDATTE erleichtert die durch ein übersichtliches Dialogfenster.
- ATTZEIG
  legt die Sichtbarkeit der Attribute fest.
- ATTEXT
  gibt die Attributzuweisungen in eine Textdatei außerhalb des AutoCAD-Systems aus.

6.3.1.Attribute definieren

Mit ATTDEF werden die Attribute definiert. Die Definition erfolgt über vier Angaben:

- Attributmodus
  Ein Attribut kann verschiedene Eigenschaften (Modi) haben. Attribute können auf dem Bildschirm sichtbar oder unsichtbar sein; sie können konstant oder veränderlich sein. Sie können beim Einfügen des Blocks mit einem Vorgabewert versehen sein; die richtige Eingabe des Attributwertes kann durch eine zweite Eingabe überprüft werden. Die vier verschiedenen Modi können ein- und ausgeschaltet sein. Das Ein- und Ausschalten erfolgt durch Eingeben des entsprechenden Anfangsbuchstabens (U, K, P, V).
- Attributbezeichnung
  Sie dient zur eindeutigen Bezeichnung des Attributs in einer Zeichnung.

- **Attributwert**
  Der Attributwert wird, wenn er veränderlich ist, vom CAD-System erfragt, ein konstanter Attributwert wird beim Einfügen automatisch eingesetzt. Ein häufig vorkommender Attributwert kann vorgegeben werden. Er erscheint beim Einfügen als Vorgabe und kann durch die "Return"-Taste als Attributwert übernommen werden.

- **Attributanfrage**
  Der hier eingegebene Text erscheint, wenn der entsprechende Block eingefügt wird als Anfrage.

In den meisten Fällen wird man mehr als ein Attribut je Block definieren. Dazu wiederholt man die Definition durch "ATTDEF".

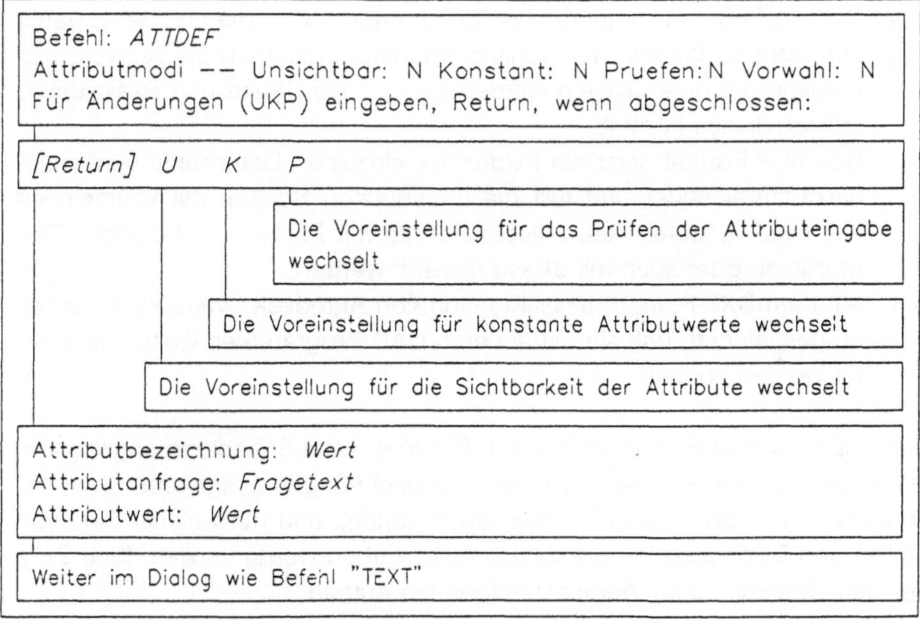

Tafel 6.4: Der Befehl "ATTDEF"

6.3.2. Block und Attribut zusammenfügen

Im ersten Schritt definieren Sie mit "ATTDEF" ein Attribut. Dies können Sie nach der Definition wie ein Zeichnungselement behandeln. Wollen Sie die Attribute einem Block zuordnen - dafür haben Sie sie ja definiert -, müssen Sie

Zeichnungselemente und Attribute mit den Befehl "BLOCK" einander zuordnen. Dies erreichen Sie durch Zeigen auf die Attribute bei der Objektauswahl
von "BLOCK". Mit der Reihenfolge des Zeigens bestimmen Sie, in welcher
Reihenfolge später beim Einfügen die Attribute abgefragt werden.

6.3.3.Attribute ausgeben

Mit dem Befehl "ATTEXT" aus dem Dienst - Menü können die Attribute der
Blöcke, die in der aktuellen Zeichnung eingefügt wurden, ausgelesen und in
einer besonderen Datei gespeichert werden. "ATTEXT" stellt drei Datenfor-
mate zur Verfügung, die je nach Anwendungsprogramm den Datenaustausch ermöglichen.

- Das CDF-Format trennt die Datenfelder durch Komma und liefert damit
  ein Format, das von der Serienbrieffunktion der meisten Textverarbeitungsprogramme gelesen werden kann; auch dBase und Basic unterstützen dieses Format.
- Das SDF-Format setzt die Felder der einzelnen Datensätze spaltenge-
  nau untereinander und füllt die ungenutzten Spalten mit Leerzeichen
  auf. Unter anderem kann dieses Format mit Fortran- und Cobol - Programmen oder auch mit dBase gelesen werden.
- Mit dem DXF-Format, einer Kreation von Autodesk, werden die Daten
  so gespeichert, daß sie mit anderen CAD-Programmen weiter verarbeitet werden können.

Beim CDF- und SDF- Format müssen Sie eine Datei-Schablone angeben. In
dieser beschreiben Sie, welche Attributsbezeichnungen ausgegeben werden,
ob es sich um Zahlen oder Zeichenketten handelt und mit welcher Zahl von
Stellen und Dezimalstellen die Zahlen ausgegeben werden sollen. Eine Zeile
der Datei-Schablone hat demnach folgenden Aufbau:

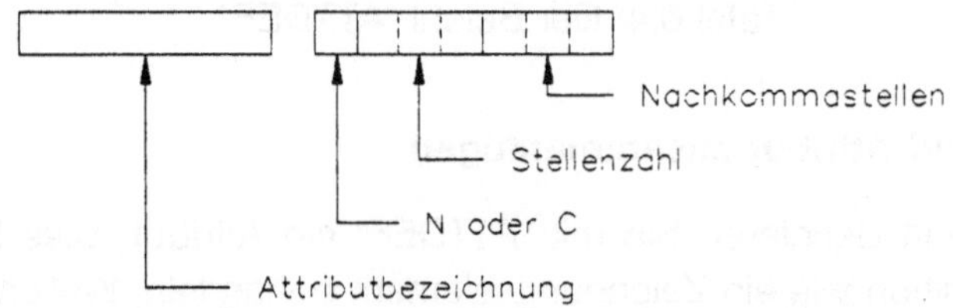

Tafel 6.5: Der Aufbau der Schablonendatei

6.3.4. Sichtbarkeit von Attributen verändern

Attribute als Texte, die mit den Blöcken zusammen eingefügt werden, stören zum Teil die Übersichtlichkeit des Bildes und werden daher beim Definieren als "unsichtbar" vereinbart. Nachträglich läßt sich die Darstellung der Attribute mit dem Befehl "ATTZEIG" verändern, der die Einstellung von drei Varianten zuläßt:

- Normal
  Darstellung der Attribute wie definiert.
- Ein
  Alle Attribute sind auf dem Bildschirm sichtbar.
- Aus
  Auf dem Bildschirm wird keines der Attribute dargestellt.

6.3.5. Attributwerte verändern

Attribute werden definiert zur automatischen Führung nicht grafischer Informationen in der Zeichnung. In den meisten Fällen wird man Attribute nach ihrem Einfügen nicht mehr verändern. Sollte dies - beispielsweise bei der Aktualisierung einer Bestandszeichnung - erforderlich werden, steht hierfür der Befehl "ATTEDIT" zur Verfügung.

6.3.6. Beispiel zur Verwendung von Attributen

Als Beispiel für den Einsatz von Attributen soll hier der Anschluß eines Profils IPE 240 an den im letzten Kapitel konstruierten Querschnitt HE 300 A dienen. Ergänzen Sie zunächst die Konstruktion so, wie dies im folgenden Bild dargestellt ist.

Konstruieren Sie anschließend die beiden Schraubensymbole. Die Attribute geben Sie mit dem Befehl "ATTDEF" ein. Das erste Attribut mit der Attributbezeichnung "TYP" steht für den Typ des Verbindungsmittels und erhält als Kennung für die Schrauben den konstanten Attributwert "M".

> **Befehl:** *ATTDEF*
> **Attribut-Modi--Unsichtbar:N Konstant:N Prüfen:N Vorwahl:N**
> **für Änderungen (UKP) eingeben, RETURN wenn abgeschlos-**

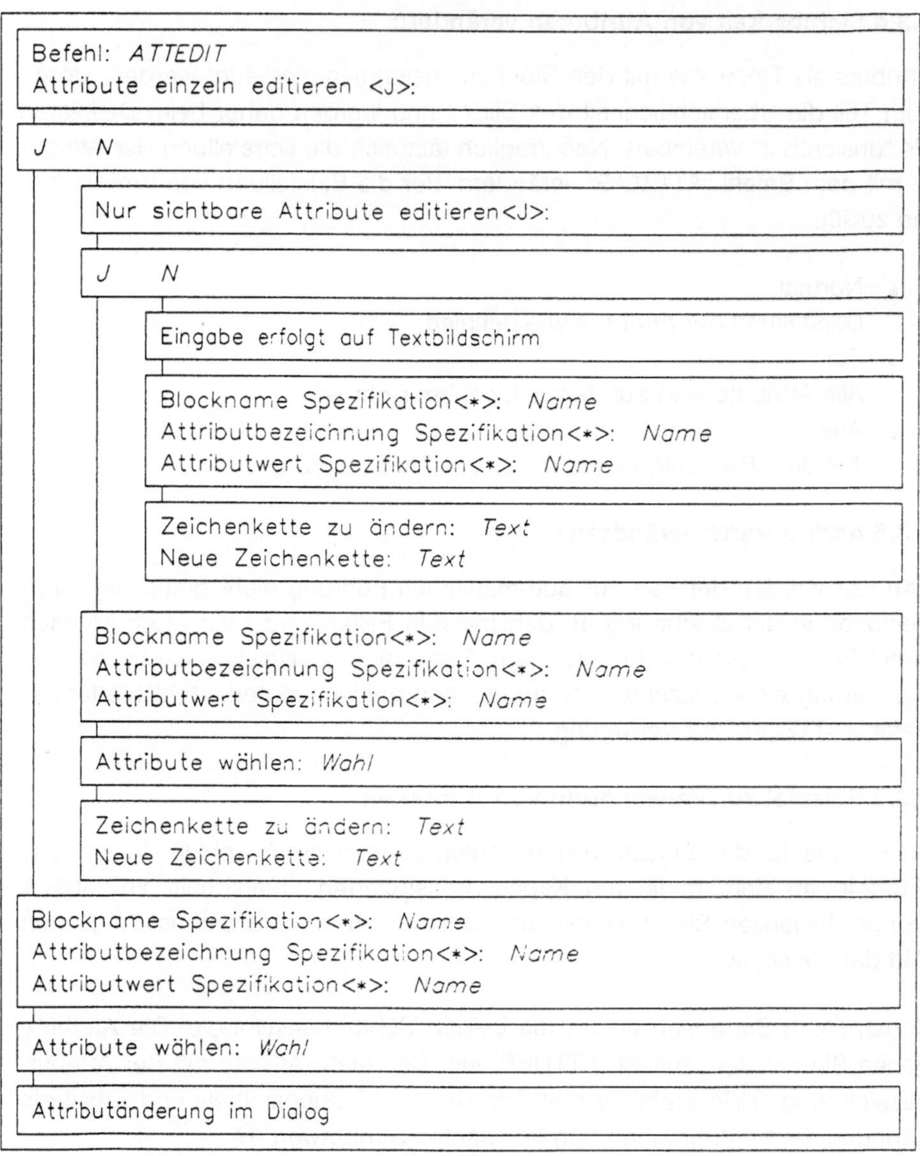

Tafel 6.6: Der Befehl "ATTEDIT"

sen:*K*
Attribut-Modi--Unsichtbar:N Konstant:J Prüfen:N Vorwahl:N
für Änderungen (UKP) eingeben, RETURN wenn abgeschlos-
sen:*RETURN*
Attributbezeichnung: *TYP*
Attributwert: *M*

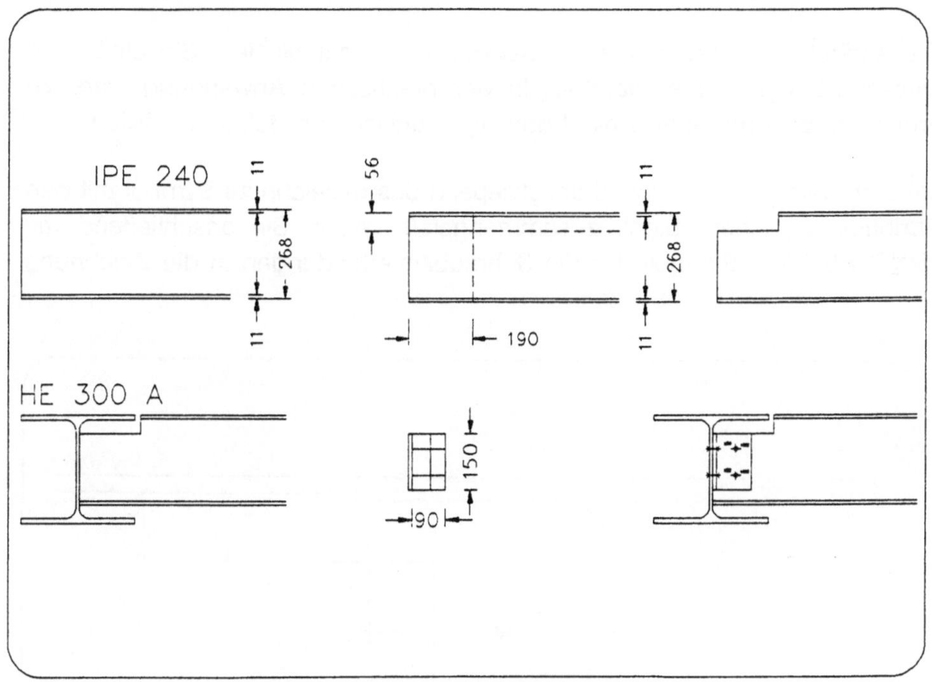

Bild 6.2: Anschluß zweier Stahlträger

Das zweite Attribut erhält die Bezeichnung "D" für Durchmesser. Dieses Attribut soll veränderlich sein, bei jedem Einfügevorgang soll mit dem Anfragetext "Durchmesser: " nach dem aktuellen Wert gefragt werden. Ein Vorgabewert erscheint hier nicht sinnvoll.

Befehl: *ATTDEF*
Attribut-Modi--Unsichtbar:N Konstant:N Prüfen:N Vorwahl:N
für Änderungen (UKP) eingeben, RETURN wenn abgeschlos-

sen:*K*
Attribut-Modi--Unsichtbar:N Konstant:J Prüfen:N Vorwahl:N
für Änderungen (UKP) eingeben, RETURN wenn abgeschlos-
sen:*RETURN*
Attributbezeichnung: D
Attributanfrage: *Durchmesser:*
Vorgegebener Attributwert: *RETURN*

Die Attributtexte werden wie ein gewöhnlicher Text plaziert. Sie bleiben in
diesem Übungsbeispiel sichtbar. In der praktischen Anwendung wäre zu
prüfen, ob die Attributtexte nicht günstiger "unsichtbar" definiert würden.

Mit dem Befehl "BLOCK" wird anschließend das gezeichnete Symbol mit den
Attributen zu einem Block zusammengefaßt. Wenn Sie anschließend mit
"EINFUEGE" die Symbole für die Schraubenverbindungen in die Zeichnung

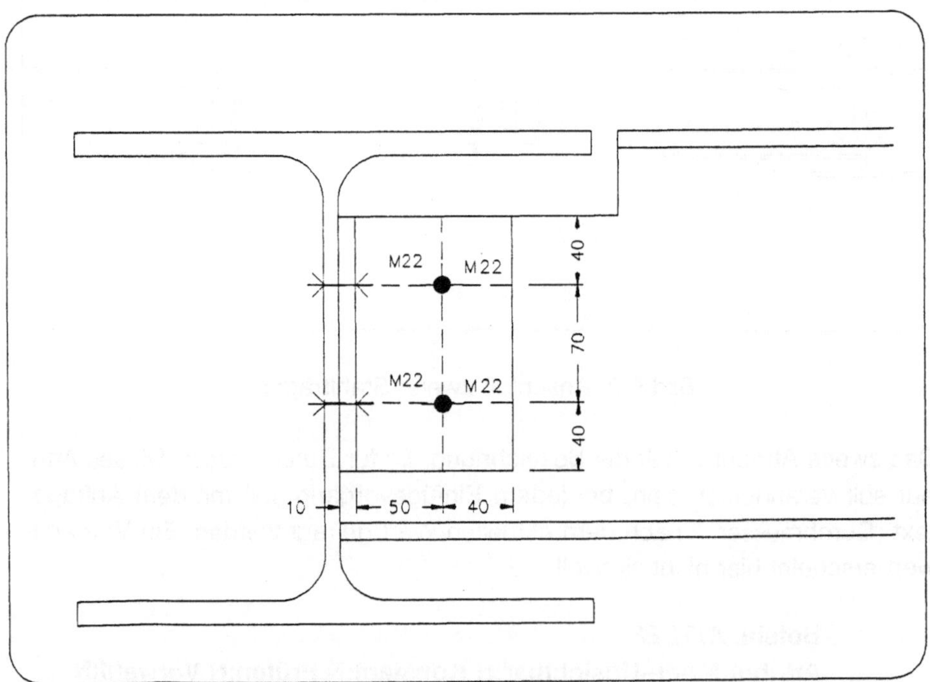

Bild 6.3: Blöcke mit Attributen einfügen

einfügen, werden Sie jedes Mal nach dem Durchmesser gefragt, den eingegebenen Durchmesser sehen Sie dann in der Zeichnung hinter dem Symbol für die Schrauben "M".

Für eine Stückliste dieses kleinen Beispiels muß zunächst die sogenannte Schablonendatei erstellt werden, was am einfachsten mit einem Texteditor geschieht. Die Datei "SCHABLON.TXT" hat folgenden Aufbau:

```
Typ c001000
D n010000
```

Mit diesen zwei Zeilen geben Sie AutoCAD die Informationen, welche Daten in welcher Form ausgegeben werden sollen.

Die Stückliste läßt sich anschließend mit dem Befehl "ATTEXT" aus den Zeichnungsinformationen heraus aufstellen.

Befehl: *ATTEXT*
CDF,SDF oder DXF Attribut ausgeben (oder Elemente)?:*S*
Schablonendatei: *Schablon*
Name der Ausgabedatei: *Stueck*

Beenden Sie nach diesem Befehl AutoCAD, so können Sie sich mit dem Texteditor oder dem DOS-Befehl "TYPE" die Datei "STUECK.TXT" anschauen. Sie finden darin die Daten der vier Schrauben:

```
M       22
M       22
M       22
M       22
```

Mit eigenen oder erworbenen Programmen können Sie diese Daten dann weiter verarbeiten und eine brauchbare Stückliste erstellen, indem Sie gleichartige Einträge aufaddieren.

6.4. Variantentechnik

Die geschilderte Methode, häufig benutzte Bauteile als Zeichnungsmakros zu erzeugen und in Dateien zu speichern, ist dann nicht mehr sinnvoll, wenn zu viele mögliche Varianten eines Bauteils für Unübersichtlichkeit in der Dateiverwaltung sorgen und viel Speicherplatz in Anspruch nehmen. Viele CAD-Systeme bieten für diesen Fall die Möglichkeit der Variantenkonstruktion an. Als Varianten lassen sich vorteilhaft die Bauteile konstruieren, die in ihrem Aufbau ähnlich sind und sich nur in ihren Geometriedaten unterscheiden, wie beispielsweise die im Siedlungswasserbau verwendeten Rohre oder die Profile einer Walzprofilreihe im Stahlbau.

Variantenkonstruktion heißt, daß für eine Profilreihe nur ein Prototyp konstruiert wird, der statt fester Maße mit variablen Maßen versehen wird. Die einzelnen Variablen können über festgelegte Tabellen (z. B. DIN-Normen) bestimmt, vom Benutzer im Dialog erfragt oder auch berechnet werden.

Das Erstellen eines Prototyps ist für den Benutzer ohne große Einarbeitung möglich, wenn die Konstruktion mit dem gewohnten grafischen Verfahren erfolgen kann und die variablen Maße beim Bemaßen der Konstruktion bestimmt werden. Da dieses Verfahren jedoch nicht sehr flexibel ist, bietet ein CAD-System meist die Möglichkeit der Programmierung des Prototyps in einer Programmiersprache. Teils sind dies eigene Sprachen, die in ihrer Struktur an verbreitete Programmiersprachen angelehnt sind, teils werden auch Programmiersprachen wie FORTRAN oder PASCAL benutzt, die durch Prozeduren zur Zeichnungserstellung erweitert wurden.

AutoCAD benutzt zur Variantenkonstruktion und Zeichnungsprogrammierung die Sprache LISP, die als AutoLISP um die benötigten grafischen Befehle erweitert wurde. AutoLISP besitzt den Befehlsvorrat von CommonLisp, und enthält zusätzlich die Befehle von AutoCAD.

6.4.1. Grundwissen zu AutoLISP

LISP ins eine sehr einfache und andererseits auch eine sehr mächtige Sprache. Die weit verbreitete Meinung, LISP sei schwer zu erlernen, beruht wohl auf dem ungewohnten Bild, welches ein LISP-Text mit den vielen ineinander geschachtelten Klammern bietet. Abgesehen von dieser Schwierigkeit beim Eingewöhnen von einer anderen Programmiersprache her, ist LISP recht einfach zu erlernen, besteht die gesamte Sprache doch nur aus drei Elementen:

- Atomen,
- Listen und
- Prozeduren.

Für das Einarbeiten in die ungewohnte Materie der Programmiersprache LISP steht geeignete Literatur zur Verfügung. Eine allgemeine Einführung in LISP findet sich beispielsweise bei Schmitter [1], ein vollständiger Überblick über AutoLISP bei Rudolph [2].

Der einfachste Weg, sich mit LISP vertraut zu machen, ist jedoch des Ausprobieren. Dies erleichtern die Graphikmöglichkeiten von AutoLISP sehr, lassen sich so doch Programmabläufe visuell verfolgen. Sobald AutoLISP-Programme länger werden, sollten Sie den AutoLISP-Interpreter verlassen und den Programmtext mit Ihrem Textverarbeitungsprogramm oder einem Editor schreiben. Sie müssen hierfür AutoCAD nicht beenden und auf Betriebssystemebene zurückkehren. Binden Sie Ihren Editor in die Datei ACAD.PGP ein, beispielsweise durch die Aufnahme folgender Zeile in die Datei:

ED,[Editorname],125000,Zu editierende Datei: ,0,

wobei Sie für "Editorname" den Namen Ihres Texteditors einsetzen.

Starten Sie AutoCAD neu, so kennt das System den Befehl "ED", der 125000 Byte Speicher frei macht, nach der zu editierenden Datei fragt und, wenn Sie für Editorname Namen Ihres Editors eingesetzt haben, den Editor aufruft. Nach beenden des Editierens kehrt der Rechner automatisch zur Bearbei-

---

1)Schmitter1987
2)Rudolph 1988

tung der Zeichnung in AutoCAD zurück. Mit (load "Dateiname") laden Sie
das von Ihnen geschriebene Programm in den AutoLISP-Interpreter und
können es mit seinem Namen aufrufen.

Auch diese vereinfachte Arbeitsweise läßt sich mit einem kleinen LISP-Programm noch weiter automatisieren. Definieren Sie sich - am besten in der
Datei ACAD.LSP, die bei jedem Start von AutoCAD automatisch geladen
wird, einen Befehl "LISPED":

```
(defun c:LISPED()
    (setq name (getstring "Datei:"))
    (setq dateiname (strcat name ".lsp"))
    (command "ed" dateiname)
    (load name)
)
```

Dieses kleine LISP-Programm zeigt, mit welch einfachen Mitteln man sich
mit AutoLISP Arbeitserleichterungen schaffen kann. Es erfragt zunächst den
Dateinamen, der bearbeitet werden soll, versieht den Namen mit der Endung
".LSP", dem Suffix für LISP-Programme und ruft den Editor, der hier "ED"
heißt, für diese Datei auf. Ist die Programmdatei editiert, kehrt das System
nach AutoCAD zurück und lädt die eben geschriebene Datei in den Interpre-
ter.

Allgemeines

Atome sind die Bausteine, aus denen sich LISP Programme zusammensetzen. Ein Atom kann sowohl ein Wort, man spricht dann von einem Symbol,
oder eine Zahl sein.

Listen sind Zusammenfassungen von Atomen, die mit einem Paar runder
Klammern umschlossen sind. Dadurch, daß man Atome zu Listen zusammenfaßt, bildet man ein LISP-Programm. Eine Liste kann auch aus Teillisten
zusammengesetzt sein.

Prozeduren, manchmal auch Funktionen genannt, sind eigenständige LISP-Programme, bestehend aus einer Liste, die in der Regel aus mehreren Teillisten und Atomen zusammengesetzt ist. Der Aufruf einer Prozedur liefert immer ein Ergebnis.

Eine AutoLISP-Funktion wird den Konventionen für LISP gemäß folgendermaßen dargestellt:

- (Funktion [Parameter]...)

Jeder Ausdruck steht zwischen runden Klammern. Auf den Funktionsnamen folgt in der Klammer eine Liste von Argumenten. jedes Argument kann wieder eine Funktion sein. AutoLISP wertet die Liste von Funktionen von innen nach außen aus und übergibt das Ergebnis des äußersten Ausdruckes an AutoCAD.

Datentypen

AutoLISP kennt folgende Datentypen:

- Ganze Zahlen
  (Zahlen im Wertebereich von -32768 bis +32767
- Kommazahlen
  (Darstellung als Dezimalbruch oder in Exponentialdarstellung)
- Zeichenketten
  (Zeichenfolgen, die zwischen Anführungszeichen stehen.("))

Fehlermeldungen

Zwei Fehler treten beim Programmieren in AutoLISP am häufigsten auf:

- Eine öffnende oder schließende Klammer wurde vergessen.
  Eine fehlende öffnende Klammer meldet AutoLISP mit dem Hinweis auf eine überschüssige rechte Klammer "extra right Paren", fehlende rechte Klammern werden mit der Fehlermeldung n> angezeigt, n gibt dabei die Zahl der fehlenden Klammern an. AutoCAD in der Version 10 quittiert diesen Fehler mit der wenig hilfreichen Meldung "malformed List".

- Das zweite Anführungszeichen (") einer Zeichenkette wurde vergessen, AutoLISP interpretiert dann den gesamten Programmteil bis zum nächsten Anführungszeichen als Zeichenkette

Wertzuweisung an Variable

- (setq Variablenname Wert)
  Weist der Variablen mit dem angegebenen Namen den Wert zu.
  Beispiel (setq summev 0) weist der Variablen "summev" den Wert 0 zu.
- (setvar Variablenname Wert)
  Weist einer AutoCAD-Systemvariablen einen Wert zu. Der Variablenname muß hierbei zwischen Anführungszeichen stehen.
  Beispiel: Mit (setvar "pdmode" 34) erhält die Systemvariable "pdmode" den Wert 34.

Definition neuer Funktionen

- (defun Funktionsname (Argumente / lokale Variable) (Ausdruck))
  Definiert eine neue Funktion in AutoLISP.
- (defun C:Funktionsname (Argumente / lokale Variable) (Ausdruck))
  Die Zeichenfolge "C:" vor dem Funktionsnamen definiert eine von AutoCAD direkt aufzurufende Funktion, vergleichbar einem neuen Befehl.

6.4.2. Vordefinierte AutoLISP-Funktionen

Arithmetische Ausdrücke

Die Notation arithmetischer Ausdrücke in AutoLISP ist gewöhnungsbedürftig. Sie erfolgt nach dem Schema: (Operator Operand Operand ...). Die in eckige Klammern "[]" gesetzten Operanden sind optionale Operanden, die, werden sie weggelassen, meist mit Standardverfahren aus AutoCAD ersetzt werden.

- (+ x y)
  addiert x und y,
- (- x y)
  subtrahiert x und y,

- (* x y)
  Multipliziert x und y,
- (/ x y)
  teilt x durch y,
- (abs x)
  berechnet den Absolutwert von x,
- (sqrt x)
  liefert den Wert der Quardratwurzel von x,
- (expt x p)
  berechnet x hoch p,
- (exp p)
  berechnet e hoch p und
- (log x)den natürlichen Logarithmus von x

Der Wert eines arithmetischen Ausdrucks kann ,wenn nötig, an eine neue Variable gebunden werden mit

- (setq a (+ x y)),
  wonach die Variable a die Summe von x und y enthält.

Da die Listen verschachtelt angeordnet werden können und von innen nach außen abgearbeitet werden, ist es oft programmtechnisch eleganter, wenn das Ergebnis nur einmal berechnet werden muß, statt einer neuen Variablen den Klammerausdruck direkt einzusetzen.

Geometrische Berechnungen

Die folgenden grundlegenden trigonometrischen Funktionen sind in Auto-LISP implementiert.

- (sin w)
  Sinus von w (w im Bogenmaß)
- (cos w)
  Cosinus von w (w im Bogenmaß)
- (atan w)
  Arc tan von w (w im Bogenmaß)

Weitere Funktionen erleichtern das Programmieren wesentlich, da sich mit ihnen komplexere Aufgaben mit geringem Programmieraufwand lösen lassen.

- (angle p1 p2)
  Winkel zwischen p1 p2 und der positiven x-Achse
- (distance p1 p2)
  Entfernung zwischen p1 und p2
- (polar p1 w d)
  Ergibt den Punkt, der von p1 im Winkel w den Abstand d hat.

Logische Operatoren

Die logischen Operationen liefern als Ergebnis wahr oder falsch, in AutoLISP mit t für true (engl. wahr) und f für false (engl. falsch) bezeichnet.

- (minusp n)
  ergibt wahr, wenn n negativ,
- (zerop n)
  ergibt wahr, wenn n gleich Null,
- (= a b)
  ergibt wahr, wenn a gleich b,
- (/= a b)
  ergibt wahr, wenn a ungleich b,
- (> a b)
  liefert wahr, wenn a größer b,
- (> = a b)
  wahr, wenn a größer oder gleich b,
- (< a b)wahr, wenn a kleiner b und
- (< = a b)
  wahr, wenn a kleiner oder gleich b ist.

Ihre Hauptanwendung finden die logischen Ausdrücke beim Formulieren der Bedingungen für die Kontrollstrukturen.

Zeichenkettenfunktionen

- (itoa int)
  wandelt die Ganzzahl int in eine Zeichenkette um,
- (atoi s)
  wandelt eine Zeichenkette in eine Ganzzahl um,
- (atof s)
  wandelt eine Zeichenkette in eine reelle Zahl um,
- (strcat s1 s2)
  verkettet zwei Zeichenketten s1 und s2 und
- (strlen s)
  ergibt die Länge der Zeichenkette.

Funktionen zur Dateneingabe

- (prompt s)
  Stellt Anfrage s an den Benutzer.
- (getdist [p1] [Anfragetext])
  Eingabe eines Abstands -
  wird p1 angegeben, erfragt AutoLISP den Abstand des zweiten gezeigten Punktes von p1 aus.
- (getangle [p1] [Anfragetext])
  Eingabe eines Winkels
  Dieser Winkel ist der Richtungswinkel zwischen zwei gezeigten Punkten oder dem Punkt p1 und einem zweiten gezeigten Punkt.
- (getpoint [p1] [Anfragetext])
  Ergibt als Ergebnis einen Punkt.

Für alle geometriebezogenen Eingaben sollte man obige Befehle benutzen, nur bei rein numerischen Eingaben finden die folgenden Funktionen Anwendung:

- (getreal [Anfragetext])
  für die Eingabe einer reellen Zahl,
- (getint [Anfrage])
  zur Eingabe einer ganzen Zahl und

- (getstring [Anfrage])
  für die Eingabe einer Zeichenkette.

Grafische Ausgaben

- (command Argument)
  führt einen AutoCAD Befehl aus.

Die Argumente werden als Antwort auf eine Anfrage von AutoCAD ausgewertet. Zeichenketten müssen auch hier in Anführungszeichen gesetzt
werden.

Für eine leere Eingabe (Enter-Taste bei der Bedienung von AutoCAD) steht
die "leere" Zeichenkette "". Dem Betätigen von "^C" zum Abbruch eines
Befehls entspricht der Aufruf von (command) ohne Argumente. Übergibt
man das Symbol "pause", so kann der Benutzer an dieser Stelle des Pro-
grammablaufs beliebige Eingaben vornehmen.

6.4.3.Arbeiten mit Listen

Die Liste ist das zentrale Element von LISP. Sie wird von einem Klammer-
paar eingeschlossen, die einzelnen Listenelemente werden durch Leerzeichen voneinander getrennt. Alle bisher gezeigten AutoLISP- Ausdrücke sind
Listen, auch das komplizierteste LISP-Programm ist eine Liste, die aus geschachtelten Unterlisten besteht. Daher stammt auch der Name LISP (engl.
List Programming).

Die nächstliegende Verwendung von Listen zur Darstellung von Daten ist die
Zusammenfassung der Koordinaten eines Punktes in der Zeichnung in der
Form

        (x1 y1)

für einen Punkt in der x-y-Ebene mit den Koordinaten x1 und y1.

Eine Liste wird aus ihren Elementen aufgebaut mit der Funktion

- (list Element Element ...)
  die einzelnen Elemente der Liste dürfen beliebige AutoLISP-Ausdrücke,
  also auch Listen sein.

Beispiel: Mit (setq Startpunkt (list 100 100)) wird der Startpunkt mit den Koordinaten 100,100 festgelegt.

Häufig muß der umgekehrte Weg beschritten werden, man zerlegt einen Punkt in seine Koordinaten. Die geschieht mit den Funktionen:

- (car Liste),
  die das erste Element einer Liste - bei Punkten die X-Koordinate - ergibt,
  (cdr liste),
  womit der Rest der Liste (außer dem ersten Element) abgetrennt wird.

Mit Kombinationen der elementaren Funktionen können gezielt einzelne Elemente der Liste isoliert werden:

- (cadr Liste)
  ergibt das zweite Element der Liste, bei Punkten die Y-Koordinate,
- (caddr Liste)
  ergibt das dritte Element, bei einem Punkt im Raum die Z-Koordinate.

6.4.4. Kontrollstrukturen

Um im Programmablauf einen logischen Ausdruck auszuwerten und je nach Ergebnis unterschiedliche Funktionen auszuführen, benutzt man die Funktionen "if" und "cond". Beide werten einen logischen Ausdruck aus und führen je nach Ergebnis unterschiedliche Funktionen aus.

- (if (Bedingung) (Ausdruck1) (Ausdruck2))
  ist eine aus anderen Programmiersprachen bekannte Konstruktion. Liefert die Bedingung den Wert "wahr", wird Ausdruck1 ausgewertet, sonst Ausdruck2.

- (cond ((Bedingung1) (Ausdruck1)) ((Bedingung2) (Ausdruck2))...)
  wertet die einzelnen Bedingungen der Reihe nach aus und wertet,
  sobald eine Bedingung "wahr" liefert, den zugehörigen Ausdruck aus.

Bei "if", wie auch bei "cond" kann einer Bedingung jeweils nur ein einzelner
Ausdruck folgen. Müssen einer Bedingung mehrere Ausdrücke zugeordnet
werden, lassen sich diese mit "progn" klammern.

- (progn (Ausdruck1) (Ausdruck2) ...)

Wiederholungen und Schleifen können in AutoLISP auf drei unterschiedliche
Weisen programmiert werden:

- (repeat Anzahl (Ausdruck))
  wiederholt die Auswertung des Ausdrucks so oft, wie durch "Anzahl"
  vorgegeben ist.

- (while (Bedingung) (Ausdruck1) (Ausdruck2) ...)
  wiederholt die geklammerten Ausdrücke, prüft vor jedem Durchlauf die
  Bedingung und wertet, wenn die Bedingung "wahr" liefert, die geklammerten Ausdrücke aus.

- (foreach symbol (liste) (Ausdruck1) (Ausdruck2) ...)
  läßt die Programmschleife über alle Elemente der Liste ablaufen. Die
  einzelnen Elemente der Liste werden der Reihe nach "Symbol" zugeordnet, mit dem dann die geklammerten Ausdrücke ausgewertet
  werden.

Die durch die Klammern unübersichtliche Struktur von LISP ermöglicht es
dem Programmierer völlig undurchschaubare Klammergebirge zu konstruieren, die sich nur mit größter Mühe austesten und eventuell noch verändern
lassen. Vermeiden läßt sich dies durch konsequentes Einrücken des Programmtextes, wobei zueinander gehörende Klammern untereinander geschrieben werden, so lasen sich die Programmstrukturen schon an der Glie-
derung des Programmtextes erkennen.

Die Funktion "if" stellt sich dann im Programmtext folgendermaßen dar;

```
(if (Bedingung)
   (Ausdruck1)
   (Ausdruck2)
)
```

In den Beispielen dieses Buches wurden die Programmtexte durch dieses Einrücken gegliedert. Zusätzlich sorgen Kommentare für leichteres Verständnis.

> Vom Semikolon ";" an betrachtet AutoLISP den Rest der Zeile als Kommentar, den es im Programmablauf nicht berücksichtigt.

6.4.5. LISP und die Geometrie-Datenbank

Assoziationslisten

Assoziationslisten sind LISP-Listen mit einer besonderen inneren Struktur:

- Jedes Element einer Assoziationsliste ist wieder eine Liste.
- Das erste Element jeder Teilliste beschreibt eine Eigenschaft, die restlichen Elemente der Teilliste die aktuelle Ausprägung dieser Eigenschaft.

So lassen sich beispielsweise die Geometriedaten eines Stahlprofils in LISP mit einer Assoziationsliste beschreiben:

```
(setq HEA 300
'(
(h 290)
(b 300)
(s 8.5)
(t 14)
(r 27)
(h1 208)
)
```

Man kann sich vorstellen, daß mit geschachtelten Assoziationslisten eine Datenbank der Stahlprofile aufgebaut werden kann.

Die Geometrie-Datenbank

Jedes Element einer AutoCAD-Zeichnung wird durch einen Eintrag in der Geometrie-Datenbank repräsentiert. Die läßt sich am einfachsten an einer Zeichnung zeigen, die aus einer einzigen Linie besteht, welche in unserem Beispiel vom Punkt (100,120) zum Punkt (200,220) verlaufen soll.

Mit (setq a (entget (entlast))) erhält man den Eintrag dieser Linie in der Datenbank.
((-1 . <Entity name: 60000018>) (0 . "LINE") (8 . "0") (10 100.000000 120.000000) (11 200.000000 220.000000)).

Das erste Element jeder Teilliste ist der sogenannte Gruppencode, der Schlüssel zu den Informationen, .

Gruppencodes in der Datenbank

Eine vollständige Übersicht über die AutoCAD-Geometriedatenbank findet sich bei Jones [3] hier können nur die wichtigsten Elementtypen beschrieben werden.

- Linie
  (
  (-1 . <Entity name: 60000019>)
  (0 . "LINE")Objekttyp
  (8 . "0")Layername
  (10 1.000000 2.000000 2.000000)Startpunkt der Linie
  (11 2.000000 3.000000 4.000000)Endpunkt der Linie
)
- Kreis
  (
  (-1 . <Entity name: 60000020>)
  (0 . "CIRCLE")Objekttyp
  (8 . "0")Layername

---

3)Jones 1988

```
            (10 1.000000 2.000000 2.000000)Kreismittelpunkt
            (40 . 3.000000)Radius
            )
```

- 3D-Fläche

```
            (
            (-1 . < Entity name: 60000020 >)
            (0 . "3DFACE")Objekttyp
            (8 . "0")Layername
            (10 1.000000 2.000000 2.000000)Erster Eckpunkt
            (11 2.000000 3.000000 4.000000)Zweiter Eckpunkt
            (12 3.000000 4.000000 5.000000)Dritter Eckpunkt
            (13 4.000000 5.000000 6.000000)Vierter Eckpunkt
            )
```

LISP- Bearbeitung der Geometrie-Datenbank

Die Assoziationsliste des Elementes mit dem Namen "e" liefert die Funktion

- (entget e),

den Namen eines Objektes liefert

- (entnext).

Ohne Argument aufgerufen, liefert diese Funktion den Namen des ersten Objektes der Datenbank, mit dem Namen eines Objektes als Argument

- (entnext e)

den Nachfolger des Elements "e" in der Datenbank.

- (entlast)

liefert den Namen des letzten Elementes in der Datenbank.

Auf eine der Teillisten, welche ein Element beschreiben, greift man mit

- (assoc Schlüssel Assoziationsliste) zu,

so liefert beispielsweise (assoc '8 a) die Teilliste mit den Layerinformationen der Assoziationsliste "a".

Meist ist man nur an der Ausprägung der Eigenschaft in der Assoziationsliste interessiert. Diese ergibt die Funktion:

- (cdr (assoc Schlüssel Assoziationsliste)). Den Layernamen des Elements mit dem Namen "e" erhält man durch (cdr (assoc '8 (entget e)))

6.4.6.Beispiel Kanalisationsrohr in Eiform

Ein Profil, das von Hand nicht ganz einfach zu konstruieren ist, stellt das Eiprofil für ein Kanalisationsrohr dar, dessen Geometrie in der Abbildung dargestellt ist. Mit einem einfachen Befehlsmakro lassen sich Eiprofile beliebiger Nennweiten mit einem einzigen neuen Befehl "EI" zeichnen.

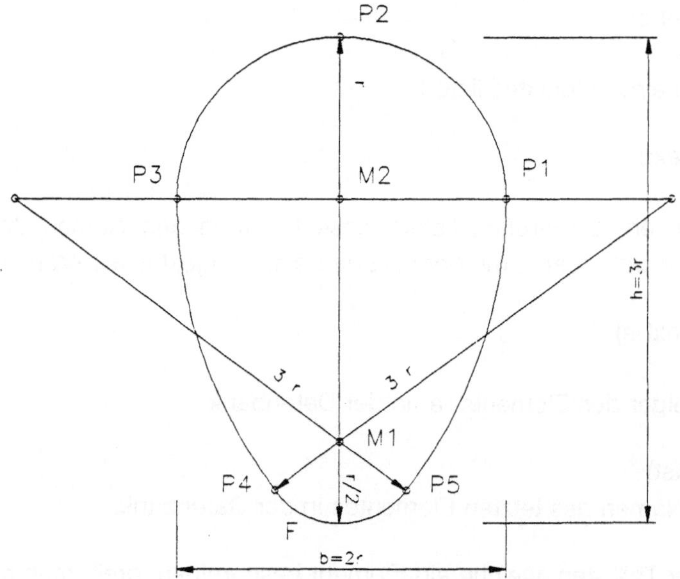

Bild 6.4: Kanalisationsrohr mit Eiprofil

```
(defun c:ei ()
    (setq f (getpoint "Fusspunkt: "))
    (setq h (getreal "Hoehe: "))
    ;Eingaben
    (setq r (/ h 3))
    (setq m2 (polar  f (/ pi 2) (* r 2)))
    (setq p2 (polar f (/ pi 2) h))
    (setq p1 (polar m2 0 r))
    (setq p3 (polar m2 pi r))
    (command "bogen" p1 p2 p3)
    ;unteren Bogen zeichnen
    (setq w (atan (/ 3 2)))
    ;Hilfswert
    (setq m1 (polar f (/ pi 2) (/ r 2)))
    (setq p4 (polar m1 (+ pi w) (/ r 2)))
    (setq p5 (polar m1 (- 0 w) (/ r 2)))
    (command "bogen" "" p4)
    (command "bogen" "" p5)
    (command "bogen" "" p1)
)
```

7. Anwendungsbeispiele

Die wirtschaftlichen Überlegungen zum Einsatz von CAD in Kapitel 1 haben deutlich gemacht, daß ein CAD-System, welches nur zur Unterstützung des Zeichenvorganges eingesetzt wird, wohl kaum wirtschaftlich sein kann. CAD muß vielmehr in den gesamten Arbeitsablauf des Ingenieurs integriert werden, wie dies im Bereich des Maschinenbaus schon erreicht ist, wo man zu Recht von CIM (engl. **C**omputer **I**ntegrated **M**anufacturing), der computergestützten Fertigung spricht.

Dieser durchgehende Computereinsatz ist in der Bauindustrie kaum zu erreichen, da Planung und Ausführrund in aller Regel nicht in derselben Hand liegen. Dennoch muß im Interesse eines wirtschaftlichen Erfolgs vermieden werden, daß das CAD-System als Insel im Arbeitsablauf des Ingeñieurbüros ohne Verbindung zu den Arbeitsgebieten außerhalb des Entwurfs bleibt. Anzustreben ist ein durchgehender Datenfluß in der gesamten Entwurfsbearbeitung von der Datenerfassung aus Vermessung oder vorhandenen Plänen über automatisierte Arbeitsabläufe im Entwurf bis hin zu numerischen Auswertungen wie beispielsweise Massenermittlung oder Erstellen von Ausschreibungsunterlagen. So unterschiedlich wie die Arbeitsbereiche der Ingenieurbüros sind auch die Ansätze zur Lösung dieser Integrationsaufgabe.

In diesem Kapitel sollen exemplarisch einige Möglichkeiten der CAD-Anwendung, die über den reinen Entwurf hinausgehen, aufgezeigt werden. Bei EDV-Programmen ist die Unterteilung in die Arbeitsschritte Eingabe, Verarbeitung und Ausgabe üblich. In Analogie hierzu soll im Folgenden untersucht werden, welche Möglichkeiten der Automatisierung dieser drei Arbeitsschritte sich durch den computergestützten Entwurf ergeben.

7.1.Datenübergabe an das CAD-System

7.1.1.Datenübernahme aus Berechnungsprogrammen

Häufig geht der zeichnerischen Bearbeitung eines Entwurfes die rechnerische Bearbeitung voraus. Das Bestreben wird sein, die Berechnungsergebnisse in das CAD-System zu übernehmen, ohne den fehleranfälligen Weg über ein Abschreiben der Zahlen gehen zu müssen. Dieses Verfahren bietet sich zum Beispiel im Straßenbau an, wo Achsen zunächst im Vorentwurf als Biegestablinie entworfen, anschließend rechnerisch bearbeitet und schließlich in die Entwurfspläne eingezeichnet werden.[1] Die Berechnungsergebnisse aus der Trassenberechnung haben dann folgende Struktur, bei der jeweils ein Block mit drei Zeilen ein Trassierungselement beschreibt:

0.000	0.0	0.0	57.3695	1010.000	1040.000
80.499	0.0	0.0	0.0000	0.0	0.0
0.0	0.0	80.499	57.3695		
80.499	0.0	55.0	57.3695	1073.115	1089.966
40.333	0.0	0.0	4.5516	0.0	0.0
0.0	0.0	40.204	63.0720		
120.833	75.0	0.0	74.4875	1106.743	1112.001
34.104	0.0	0.0	3.8157	0.0	0.0
0.0	0.0	33.811	88.9617		

Die Daten können mit einem AutoLISP-Programm gelesen und gezeichnet werden.

```
(command "setvar" "cmdecho" 0)
(defun c:ko ()
(setq dateiname "")
(setq dateiname (getstring "Bitte den Dateinamen eingeben :"))

;Erste Zeile lesen
(if (setq datei (open dateiname "r"))
    (progn
        (setq datei (open dateiname "r"))
            zeile1 (read-line datei)
            zeile2 (read-line datei)
            zeile3 (read-line datei)
            zeile4 (read-line datei)
    )
    ;Zeile 4 ist Leerzeile
```

---

1)Trautwein 1985

```
;Schleife bis Zeile 1 leer ist
(while zeile4
   (if (= zeile1 "") (close datei))
      (progn

            ;Umwandlung der gelesenen Zeichenketten in Zahlen
            (setq station (atof (substr zeile1 1 9)))
                 radius (atof (substr zeile1 10 9))
                 param (atof (substr zeile1 20 9))
                 geod-winkel (atof (substr zeile1 30 9))
                 xh (atof (substr zeile1 40 9))
                 yh (atof (substr zeile1 50 9))
                 laenge (atof (substr zeile2 1 9))
                 richtparam (atof (substr zeile2 30 9))
                 sehnenlaenge (atof (substr zeile3 20 9))
                 sehnenwinkel-gon (atof (substr zeile3 30 9))
            )

            ;Geodätischen Winkel ins ACAD-System umwandeln
            (setq winkel (+ (* geod-winkel -1) 100))
            phi (* pi (/ winkel 200.0))
            sehnenwinkel (* pi (/ sehnenwinkel-gon 200)))

            ;Trassenelement und Beschriftung zeichnen
            (zeichnen)
            (beschriften)

            ;nächste Zeile
            (setq zeile1 (read-line datei)
                 zeile2 (read-line datei)
                 zeile3 (read-line datei)
                 zeile4 (read-line datei)
            )

            ;bis Dateiende erreicht
            (if (= zeile1 "")
```

```
                    (progn
                        (command "setvar" "cmdecho" 1)
                        (command "zoom" "g")
                        (close datei)
                    )
                )
            )
        )
    )
)
(prin1 "Datei nicht gefunden")
)
```

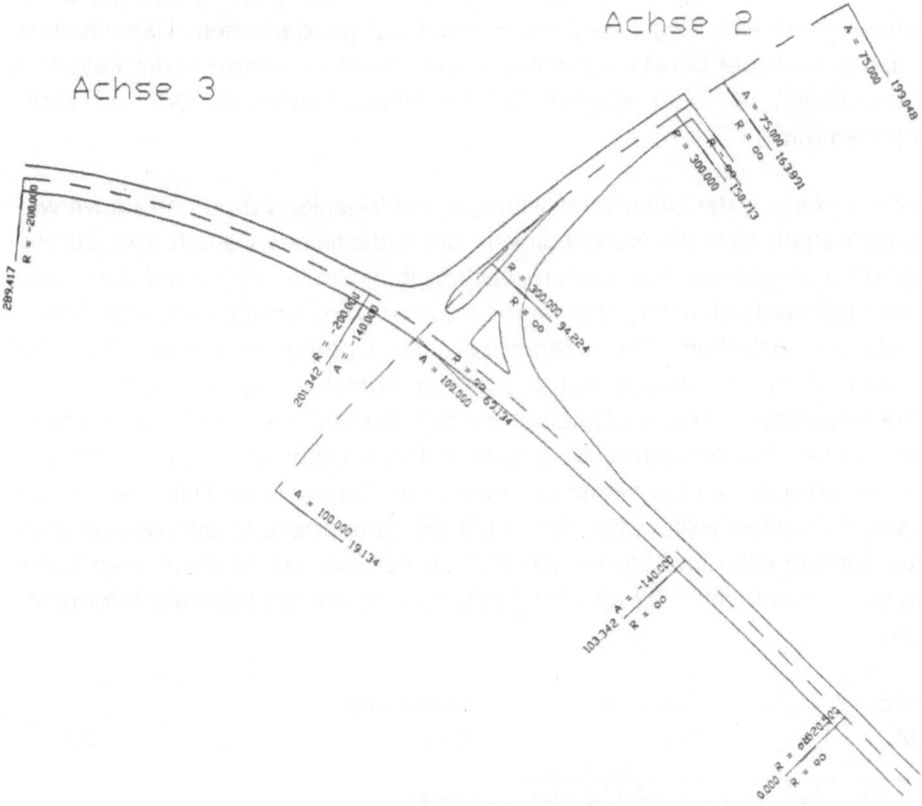

Bild 7.1: Achsdarstellung im Straßenentwurf

Sind die Daten in der Geometrie-Datenbank erfaßt, stehen sie zur weiteren Verarbeitung zur Verfügung. Randlinien zu Straßenachsen lassen sich mit "VERSETZ" zeichnen, Eckausrundungen und VerziehungenVerziehung mit kleinen Befehlsmakros entwerfen, mit Zeichnungsmakros kann die "Möblierung" vorgenommen werden, für die Darstellung von Pflasterung stehen eigene Schraffurstile zur Verfügung.

Auch Datensätze, wie sie beispielsweise von den Rechenzentren der Landschaftsverbände in Nordrhein-Westfalen [2]erstellt werden, können nach diesem Verfahren in AutoCAD übernommen werden.

7.1.2. Datenübernahme aus der Ingenieurvermessung

Nur wenige Planungen sind unabhängig von der Umgebung des geplanten Bauwerks. In aller Regel baut ein Entwurf auf geodätischem Datenmaterial auf, das entweder bereits vorhanden und in Form von Karten oder Katastern dokumentiert ist, oder speziell für das Bauvorhaben an Ort und Stelle erhoben wird.

Mit dem Einzug der Datenverarbeitung in die Ingenieurbüros und Bauverwaltungen ergab sich die Notwendigkeit, ein einheitliches Datenformat zu vereinbaren, in dem die Vermessungstechnischen Strukturdaten auf den externen Speichermedien abgelegt werden sollten. Dies ermöglichte den Datenaustausch zwischen den unterschiedlichen Computersystemen. Für den Bereich des Straßenbaus wurde von der Forschungsgesellschaft für das Straßenwesen ein solches Datenformat definiert und erstmals 1978 veröffentlicht. In der Zeit der Entwicklung hatte sich das Datenformat an der Kapazität der 80-spaltigen Lochkarte zu orientieren. Da die alten Daten weiter zugänglich bleiben sollten, hat sich auch die Überarbeitung des Standardsatzes "Einzelpunkte und Linien" (DA001) an der inzwischen überholten Lochkarte zu orientieren[3]. Dieser Standarddatensatz enthält folgende Informationen:

Feld	Position	Bedeutung	
DA	1-3	Datenart	001

---

2)Landschaftsverband Westfalen-Lippe 1981

3)Köhler 1986

KK	4	Koordinatenkennung
XX	5	noch nicht belegt
PNA	6-19	Punktname
PY	20-31	Rechtswert
PX	32-43	Hochwert
HK	44	Höhenkennung
PZ	45-52	Höhe
LA	57	Linienart
LF	58	Linienform
LV	59	Verbindungsart
PF	60	Flächenzuordnung
PA	61	Punktart
PH	62	Horizont
PB	63-64	Punktbeschreibung
LB	65-66	Linienbeschreibung
XX	67-80	Noch nicht belegt

Ein CAD-System, mit dem Entwürfe aus dem Bereich des Brücken- oder Straßenbaus bearbeitet werden sollen, muß in der Lage sein, aus den Informationen dieses Datensatzes eine Zeichnung aufzubauen.

7.1.3. Auswertung von Tachymeteraufnahmen

Werden Geländedaten speziell für eine Baumaßname im Feld aufgenommen, verwendet man hierfür vorteilhaft elektronische registrierende Tachymeter, die in der Lage sind, sich Standpunktkoordinaten selbst zu ermitteln und Punktkoordinaten aus den gemessenen Winkeln und Entfernungen elektronisch zu berechnen und diese in einem "Elektronischen Feldbuch" zu speichern. Die Daten aus dem Speicher des Messgerätes lassen sich über eine serielle Schnittstelle auf den CAD-Rechner übertragen. Leider hat sich hier noch kein einheitliches Datenformat durchgesetzt. Im allgemeinen werden jedoch eine Punktnummer, der Rechts- und der Hochwert, sowie die Punkthöhe jeweils für einen Punkt im ASCII-Format in eine Zeile geschrieben.

Mit einem kleinen Umsetzungsprogramm in AutoLISP kann aus diesen Daten eine AutoCAD-Zeichnung aufgebaut werden. Das Programm geht davon aus, daß Punktnummer (alphanumerisch), Rechts- und Hochwert, sowie Punkthöhe jeweils in einem 12 Stellen breiten Feld stehen. Sollte dies im speziellen Fall unterschiedlich gehandhabt werden, kann das Programm

leicht angepaßt werden. Es wird zunächst nach dem Namen einer Koordina-
tendatei gefragt, eine leere Eingabe beendet das Programm. Anschließend
wird auf dem Bildschirm das Standard-Dia "POINTS.SLD" aus AutoCAD
gezeigt. Der Benutzer kann wählen, welche Form der Punktdarstellung er
wünscht. Die Datei wird anschließend zeilenweise gelesen, aus den Daten
ein Punkt zusammengesetzt und das Punktsymbol an der Stelle des Punktes
eingetragen. Der Punktname wird neben das Punktsymbol geschrieben. Ist
eine Datei eingelesen, kann eine weitere Datei zum Einlesen der Daten angegeben werden.

Außer auf Routinen zur Fehlerbehandlung wurde in diesem Programm ganz
bewußt auf Feinheiten verzichtet, um die wesentlichen Elemente eines
solchen Programmes herauszuarbeiten. Es kann so sehr gut als Rumpf für
eine eigene Eingaberoutine dienen.

```
(defun c:lies(/zulaessig pd pkt)
    (setvar "cmdecho" 0)
    (setq pd nil)
    (setq meldung (strcat "\n" "Name der Koordinatendatei: "))

    (setq name (getstring meldung))
    ;Dateinamen der Koordinatendatei erfragen
    ;(leere Eingabe beendet das Einlesen)
    (setq zulaessig '(2 3 4 32 33 34 35 36
              64 65 66 67 68 96 97 98 99 100)
              ;zulässige Werte von PDMODE für die
              ;Punktdarstellung
    (command "zeigdia" "points")
    ;Dia mit den unterschiedlichen Punktdarstellungen zeigen
    (terpri)
    (while (equal (member pd zulaessig) nil)
        (setq pd (getint "Punktmodus auswaehlen")
    )
    (while (/= name "")
    ;Programmablauf kann mit mehreren Dateien wiederholt werden
        (if (setq file (open name "r"))
        ;wenn Datei vorhanden
            (progn
```

```
            (setvar "pdmode" pd)
            ;Wert für PDMODE eingeben und setzen
            (command "neuzeich")
            ;zurück zur Zeichnung
            (while (lieszeile file)
                ;Unterprogramm liest eine Zeile aus der Datei
                (setq pkt (list x y z)
                ; gelesene Werte zu Punktkoordinaten zusammensetzen
            )
            (princ (list x "   " y "   " z)) (terpri)
            ;Zur Kontrolle protokollieren
            (command "punkt" pkt)
            ;Punkt zeichnen
            (command "text" "@ 2.0-" "1.0" "0" name)
            ;Punkt beschriften
         )
      (close file);
      ; nachdem die letzte Zeile gelesen wurde
      )
      (princ "Datei nicht gefunden")
      ;wenn sich die Datei nicht öffnen läßt
      )
      (setq name (getstring meldung))
      ;erneute Frage nach Dateiname
   )
   (command "zoom" "g")
   ; Ausschnitt vergrößern
   (setvar "cmdecho" 1)
)


(defun lieszeile (file / l line)
   (if (setq line (read-line file))
   ;Zeile lesen, prüfen ob erfolgreich
      (progn
         (setq l (strlen line));
         ;Zahl der Zeichen in der Zeile
         (if ( = l 36)
```

```
        ;wenn genügend Zeichen in Zeile
            (progn
                (setq name (substr line 1 12)  x (atof(substr line 13 12))
                        y (atof (substr line 25 12)) z (atof (substr line 37 12)))
                ;String in Zahl umwandeln
            ))
        )
    (setq file nil))
)
```

Mit diesem Programm werden die Daten einer Rostaufnahme eingelesen, die
auf dem Datenträger wie folgt gespeichert sind:

1	00.00	00.00	56.48
2	00.00	10.00	57.03
3	00.00	20.00	57.65
4	00.00	24.30	56.80
5	00.00	30.00	58.30
6	00.00	40.00	57.98
7	00.00	50.00	57.62
11	10.00	00.00	56.99
12	10.00	10.00	58.07
13	10.00	20.00	58.93
14	10.00	27.12	57.00
15	10.00	30.00	59.72
16	10.00	40.00	59.51
17	10.00	50.00	58.97
21	20.00	00.00	57.38
22	20.00	10.00	58.35
23	20.00	20.00	59.17
24	20.00	27.81	57.35
25	20.00	30.00	58.14
26	20.00	40.00	59.72
27	20.00	50.00	59.13
31	30.00	00.00	57.19
32	30.00	10.00	58.17
33	30.00	20.00	59.09
34	30.00	23.50	58.00

35	30.00	30.00	59.86
36	30.00	40.00	59.23
37	30.00	50.00	58.74

Das Ergebnis ist eine Zeichnung, welche die dreidimensional eingetragenen Punkte und die Punktnummern enthält. Der Entwurfsbearbeiter muß nun die Linien in der Zeichnung manuell ziehen, wobei ihm die Punktnummern die Orientierung erleichtern. Dieser Vorgang kann, wenn dies erforderlich erscheint, automatisiert werden, wenn im Feld mit den Punkten auch Linieninformationen erfaßt werden. Die größte Arbeitsvereinfachung ist jedoch meist schon erreicht, wenn eine maßstabsgerechte Darstellung der gemessenen Punkte gezeichnet werden kann.

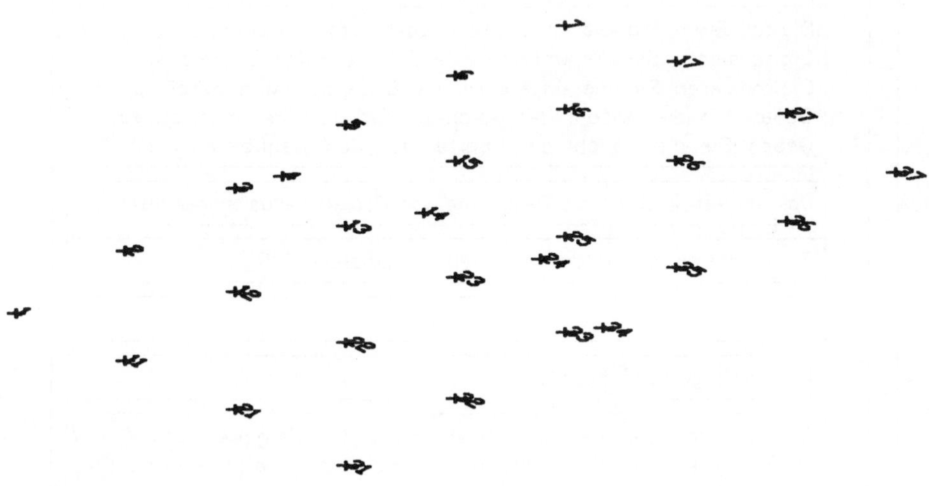

Bild 7.2: Die Punkte der Rostaufnahme

7.1.4. Digitalisieren vorhandener Pläne

Ist die Genauigkeit der örtlichen Aufnahme nicht gefordert oder der zu erfassende Bereich und die Datenmenge zu groß, ist eine Vermessung des Planungsgebietes nicht wirtschaftlich, man wird vielmehr auf vorhandenes Planmaterial zurückgreifen.

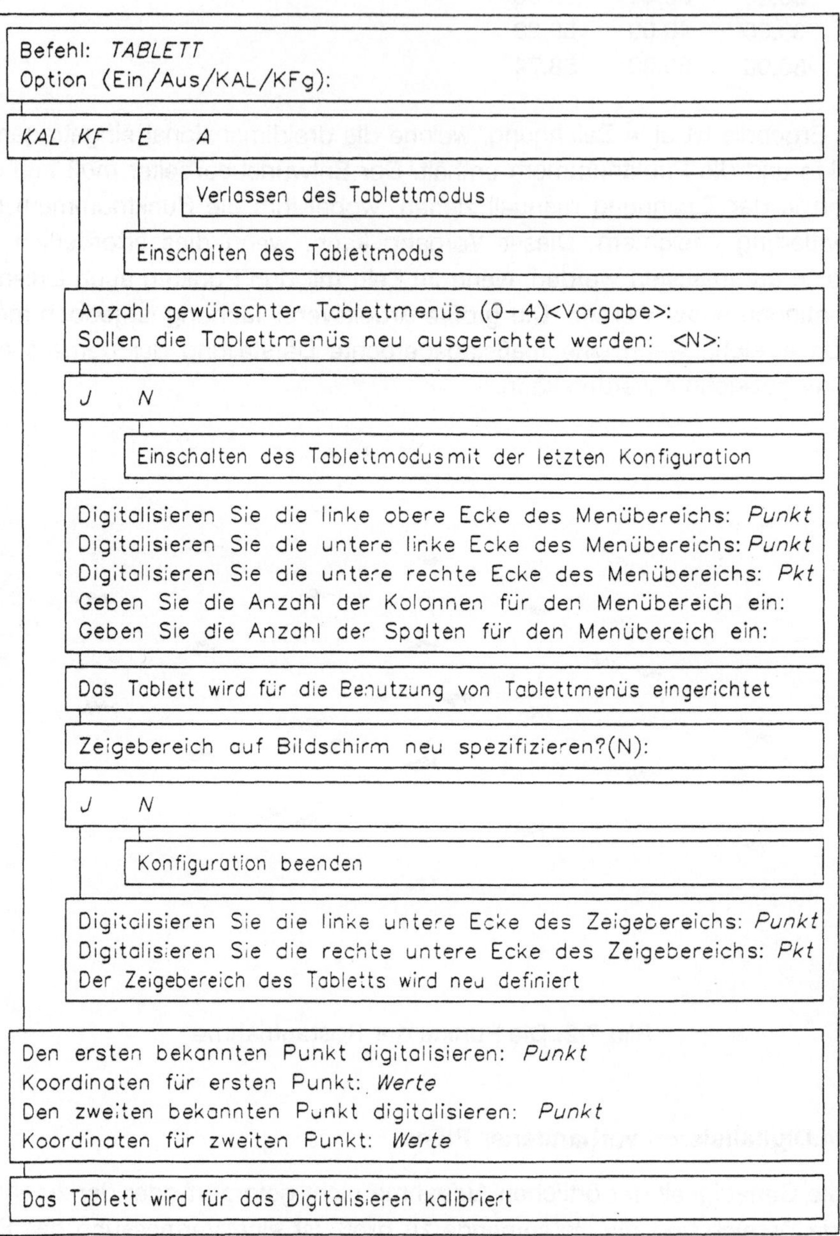

Tafel 7.1: Der Befehl "TABLETT"

Dazu benutzt man Digitalisiertabletts, deren Funktion in KAPITEL 2 beschrieben wurde. Nachdem der zu digitalisierende Plan auf dem Tablett befestigt wurde, muß das Tablett kalibriert werden. Dies geschieht, indem man zwei Punkte digitalisiert, deren Koordinaten in der zu digitalisierenden Zeichnung bekannt sind. Damit wird der Bezug zwischen Entfernungen auf dem Tablett und in der Zeichnung hergestellt, es wird ein Maßstabsverhältnis bestimmt.

Zwei Fehlerquellen beeinflussen die Qualität digitalisierter Pläne:

- Die Ungenauigkeiten der Pläne, die durch Papierverzug, beim Pausen, Kopieren oder Drucken entstehen und
- die Ungenauigkeiten des Digitalisiervorgangs

Der ersten Fehlerquelle läßt sich begegnen, indem man die Koordinaten der digitalisierten Punkte transformiert.

Im einfachsten Fall geschieht dies über zwei sogenannte identische Punkte, deren Koordinaten in der Natur wie auch im Koordinatensystem des digitalisierten Planes bekannt sind. Diese "Ähnlichkeitstransformation" ist beispielsweise von Häßler [4] beschrieben, ein für die EDV geeigneter Algorithmus findet sich bei Gelhaus [5].

Muß auch der unterschiedliche Papierverzug in x- und y-Richtung berücksichtigt werden, kann eine Transformation über mehrere identische Punkte nach Helmert angewandt werden, die von den beiden oben genannten Autoren ebenfalls beschrieben wurde.

Die Fehler, welche beim Abgreifen der Punkte vom Plan entstehen, wirken sich beispielsweise dadurch aus, daß Hausgrundrisse im digitalisierten Plan nicht mehr rechtwinklig , Gerade nicht mehr parallel sind oder Punkte nicht mehr wie im Original auf einer Geraden liegen. Derartige Fehler müssen bei einer Nachbehandlung verbessert werden. Je nach erforderlicher Genauigkeit kann der Entwurfsbearbeiter mit Befehlen wie "SCHIEBEN", "DREHEN", "STRECKEN" oder "VARIA" direkt eingreifen oder sich der aus der Vermessungskunde bekannten Verfahren des Fehlerausgleichs bedienen.

---

4)Häßler 1984

5)Gelhaus 1980

Die Digitalisierung vorhandener Pläne bleibt jedoch auch dann ein recht ungenaues Hilfsmittel und ist sehr arbeitsaufwendig und damit teuer. Das Ziel wird sein, die so gewonnenen Daten möglichst mehrfach zu verwenden.

Die "Arbeitsgemeinschaft der Vermessungsverwaltungen der Länder der Bundesrepublik Deutschland" hat schon 1970 das Sollkonzept für eine "Automatisierte Liegenschaftskarte (ALK)" entwickelt. Die Entwicklung der ALK wird vorrangig von den Ländern Nordrhein-Westfalen, Niedersachsen und Hessen betrieben, wo bereits die Digitalisierung vorhandener Kataster in Arbeit ist. Zu dieser ALK war die Entwicklung einer "Einheitlichen Datenbankschnittstelle (EDBS)" erforderlich, sollte eine sinnvolle Datenübernahme möglich sein.

Es ist in Zukunft zu erwarten, daß die Daten der amtlichen Katasterkarten in digitalisierter Form vorliegen werden und sich dann direkt in ein CAD-System übernehmen lassen, ein Verfahren, welches ein großes Rationalisierungspotential eröffnet. Ein wirklich sinnvoller Datenaustausch zwischen CAD-Systemen und ALK wird sich der EDBS - Definitionen bedienen.

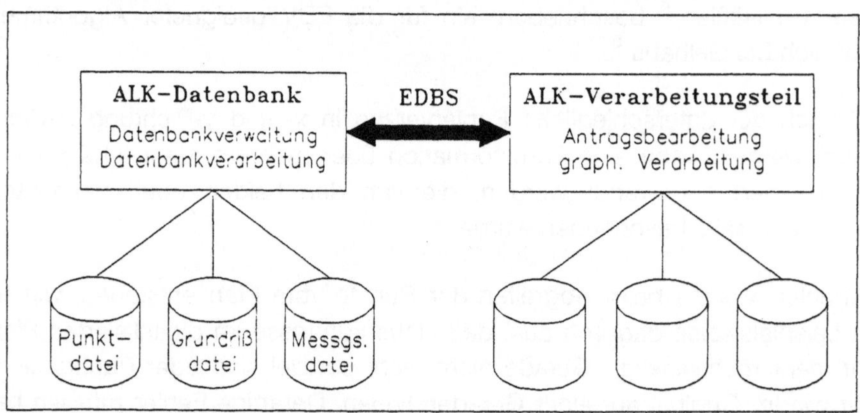

Tafel 7.2: Die EDBS in der ALK

7.1.5. Photogrammetrische Aufnahme bestehender Bauwerke

Das Bauen innerhalb vorhandener und zu erhaltender Bausubstanz gewinnt in den letzten Jahren immer mehr an Bedeutung, sei es in der städtebaulichen Sanierung mittelalterlicher Stadtkerne oder bei der Sanierung und Renovierung einzelner Gebäude, die unter Denkmalschutz stehen. Planunterlagen zu solchen Baumaßnahmen sind in aller Regel nicht vorhanden oder nicht mehr auf dem neuesten Stand, so daß jeder Entwurfsarbeit eine Bauaufnahme vorausgehen muß. Diese Bauaufnahme ist - führt man sie mit den klassischen Hilfsmitteln Maßband und Fluchtstange durch - sehr zeitaufwendig. Neue Entwicklungen auf dem Gebiet der Photogrammetrie lassen derartige Auswertungen mit einfachen Hilfsmitteln zu, ohne die teure Spezialausstattung der Stereophotogrammetrie zu erfordern. Richter [6] zeigt Verfahren der Einbildauswertung für ebene Objekte und der Zweibildauswertung für räumliche Objekte auf, welche mit Bildern aus Amateurkameras genügend genaue Ergebnisse liefern.

Mit Hilfe der **Einbildphotogrammetrie** lassen sich aus Photos die darauf abgebildeten Objekte maßstabsgerecht rekonstruieren. Eine räumliche Auswertung kann mit einem Bild nicht erfolgen; wohl aber können räumliche Objekte in mehrere Ebenen, die dann gesondert zu behandeln sind, aufgelöst werden.

Ein Photo kann mit gewissen Einschränkungen als eine Zentralprojektion aufgefaßt werden, in der im allgemeinfall ein Quadrat in der Natur zu einem unregelmäßigen Viereck auf dem Bild deformiert wird. Nach Rinner [7] werden für die Rekonstruktion jeder Ebene in der Natur acht Transformationskoeffizienten benötigt:

$$a_1, \ b_1, \ c_1, \ a_2, \ b_2, \ c_2, \ a_3, \ b_3$$

Mit diesen Koeffizienten werden die Objektkoordinaten X, Y der Punkte in der Natur wie folgt berechnet:

$$X = (a_1{*}x + b_1{*}y + c_1) \, / \, (a_3{*}x + b_3{*}y + 1)$$
$$Y = (a_2{*}x + b_2{*}y + c_2) \, / \, (a_3{*}x + b_3{*}y + 1)$$

---

6)Richter 1989

7)Rinner 1972

wobei x und y die Bildkoordinaten sind. Aus vier Paßpunkten, deren Koordinaten in der Natur wie auch auf dem Bild bekannt sind, lassen sich die acht Transformationskoeffizienten berechnen.

Zur Bestimmung der Paßpunkte in der Natur können die verschiedenen aus der Ingenieurvermessung bekannten Verfahren, in der Regel der Vorwärtseinschnitt, angewandt werden.

Berechnung der Transformationskonstanten und die Koordinatentransformation der Bildpunkte können in das AutoCAD-System so weit integriert werden[8], daß zum Digitalisieren eines Photos sämtliche Konstruktionsbefehle von AutoCAD benutzt werden können und die digitalisierten Daten anschließend für eine Entwurfsbearbeitung zur Verfügung stehen. So wird das an sich schon recht einfache Verfahren photogrammetrischer Auswertung noch weiter rationalisiert.

Zur Anwendung kommt diese Kombination von Photogrammetrie und CAD sowohl bei der Bauaufnahme von Gebäudefassaden, wie auch zur Bestandsaufnahme von Straßenräumen zur Umgestaltung verkehrsberuhigter Zonen.

7.2.Automatisierung der Entwurfsarbeit

7.2.1.Computergestützte Bewehrungsführung

Die Vereinfachung des Bewehrungsentwurfes beginnt mit Befehlsmakros, welche die verschiedenen Biegeformen von Stabstählen nach DIN 1356 Teil 10[9] mit einem einzigen Befehl zeichnen. Abmessungen können über Tastatur oder durch Zeigen auf Grenzkanten und Angabe einer Betonüberdeckung eingegeben werden. Weiter ist die Reihenpositionierung von Bügeln, Saumeisen oder Ähnlichem entlang einer Verlegelinie möglich. Entweder die Stückzahl oder der Abstand werden beim Bewehrungszeichnen mit CAD aus dem jeweils anderen Wert und der Verlegelänge berechnet.

Die automatische Beschriftung der Stahlposition mit Positionsnummer, Stückzahl und Durchmesser muß auch dann noch korrekte Werte liefern,

---

8)Engelbertz 1989

9)DIN 1356 T10

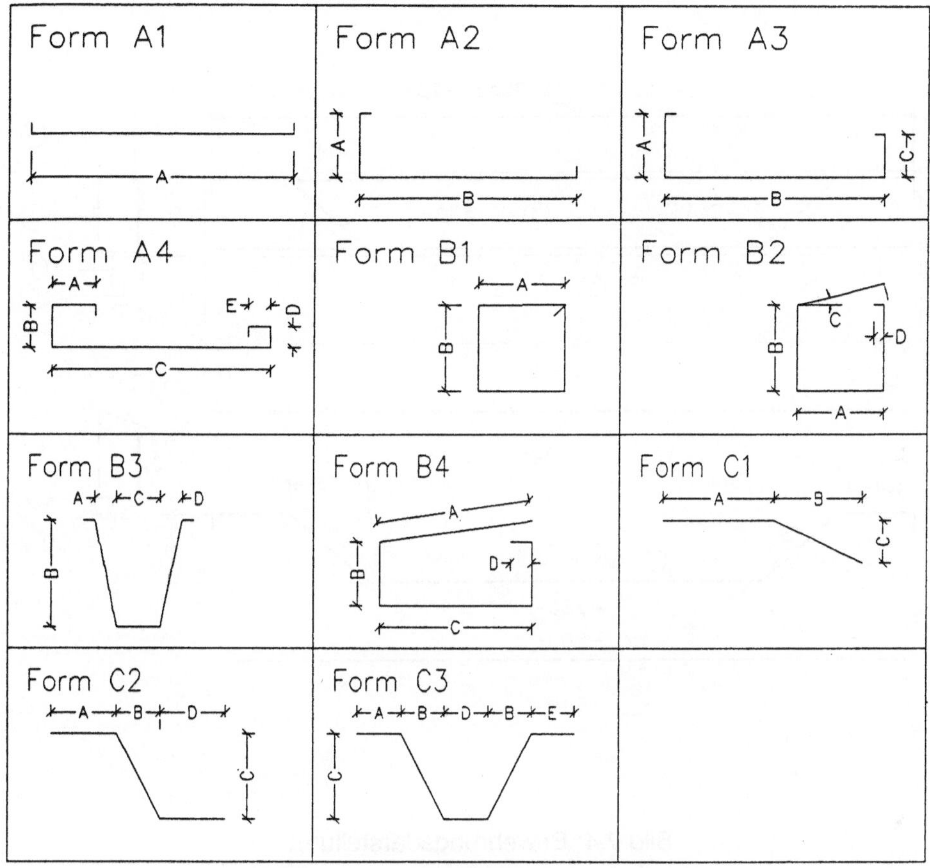

Bild 7.3: Biegeformen nach DIN 1356

wenn beispielsweise an Aussparungen einzelne Bewehrungsstähle "manuell"
wieder entfernt werden.

Das feldweise Verlegen von Matten ist dann am einfachsten, wenn es
genügt, einen Eckpunkt und die Diagonale des Feldes zu markieren und die
minimalen Übergreifungslängen einzugeben und das CAD-System die
weitere Berechnung übernimmt.

Auch bei dieser Anwendung ist ein weiterer Rationalisierungseffekt dann zu
erzielen, wenn das System nicht nur eine Zeichnung als Ergebnis des Ent-

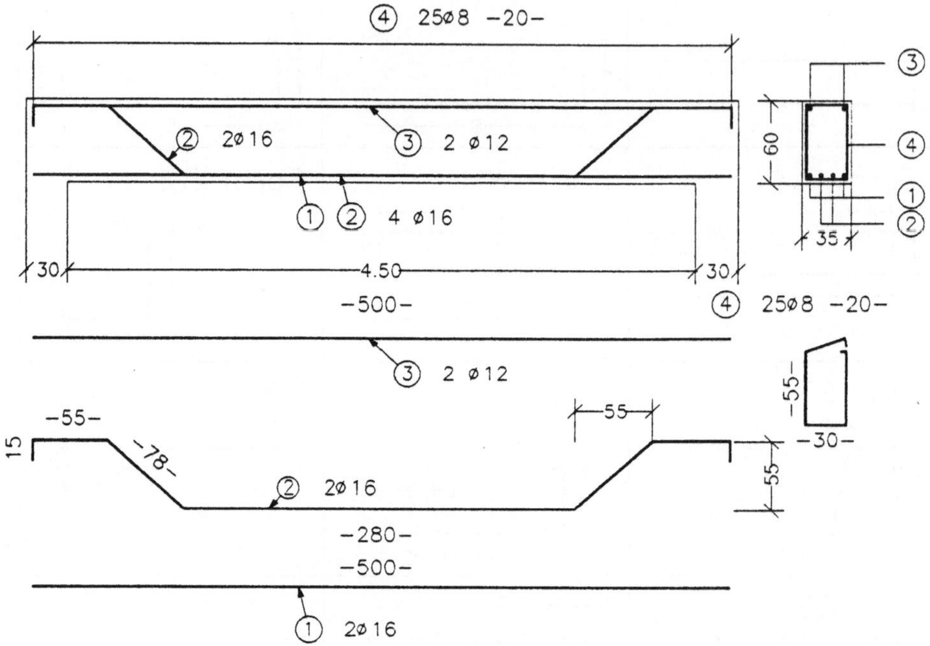

Bild 7.4: Bewehrungsdarstellung

wurfes liefert, sondern auch ohne weitere Eingaben eine Stahlliste und eine Biegeliste für die mit CAD konstruierte Bewehrung erzeugt und ausgibt.

7.2.2.Automatisierung mit Befehlsmakros (Stahlbau)

Je weiter die Typisierung in einem Fachgebiet des Ingenieurbaus fortge-schritten ist, desto größer sind die Rationalisierungsmöglichkeiten beim Einsatz der EDV in der Entwurfsbearbeitung. Wohl das beste Beispiel hierfür ist der Stahlbau, für den nicht nur die Profile nach DIN- und Euro-Normen standardisiert sind, sondern auch deren Verbindungen. Im Stahlbau-Ringbuch des Deutschen Ausschusses für Stahlbau [10] sind Empfehlungen für standardisierte Verbindungen im Stahlbau gegeben, die sich gut für ein automatisierte Konstruktion eignen.

Die Daten von Profilen und Verbindungen werden in einer Datenbank gespeichert, die in AutoLISP in Form einer Assoziationsliste realisiert ist. Die entsprechende Prozedur zum erzeugen dieser Liste - vereinfacht nur für die IPE-Reihe - sieht wie folgt aus:

```
(defun profile ()
    (setq daten '(
        ("ipe80"  ("h" . 8.00) ("b" . 4.60) ("s" . 0.38) ("t" . 0.52))
        ("ipe100" ("h" . 10.0) ("b" . 5.50) ("s" . 0.41)("t" . 0.57))
        ("ipe120" ("h" . 12.0) ("b" . 6.40) ("s" . 0.44) ("t" . 0.63))
        ("ipe140" ("h" . 14.0) ("b" . 7.30) ("s" . 0.47) ("t" . 0.69))
        ("ipe160" ("h" . 16.0) ("b" . 8.20) ("s" . 0.50) ("t" . 0.74))
        ("ipe180" ("h" . 18.0) ("b" . 9.10) ("s" . 0.53) ("t" . 0.80))
        ("ipe200" ("h" . 20.0) ("b" . 10.0) ("s" . 0.56) ("t" . 0.85))
        ("ipe220" ("h" . 22.0) ("b" . 11.0) ("s" . 0.59) ("t" . 0.92))
        ("ipe240" ("h" . 24.0) ("b" . 12.0) ("s" . 0.62) ("t" . 0.98))
        ("ipe270" ("h" . 27.0) ("b" . 13.0) ("s" . 0.66) ("t" . 1.02))
        ("ipe300" ("h" . 30.0) ("b" . 15.0) ("s" . 0.71) ("t" . 1.07))
        ("ipe330" ("h" . 33.0) ("b" . 16.0) ("s" . 0.75) ("t" . 1.15))
        ("ipe360" ("h" . 36.0) ("b" . 17.0) ("s" . 0.80) ("t" . 1.27))
        ("ipe400" ("h" . 40.0) ("b" . 18.0) ("s" . 0.86) ("t" . 1.35))
        ("ipe450" ("h" . 45.0) ("b" . 19.0) ("s" . 0.94) ("t" . 1.46))
        ("ipe500" ("h" . 50.0) ("b" . 20.0) ("s" . 1.02) ("t" . 1.60))
        ("ipe550" ("h" . 55.0) ("b" . 21.0) ("s" . 1.11) ("t" . 1.72))
        ("ipe600" ("h" . 60.0) ("b" . 22.0) ("s" . 1.20) ("t" . 1.90))
    )
)
```

Die Maße eines bestimmten Profils sind mit der Funktion "assoc" aus der Datenbank zu erhalten. Die Breite des Profils IPE 300 erhält man beispielsweise mit:

---

10) DASt 1979

```
(setq h (cdr (assoc "b" (cdr (assoc "ipe300" daten)))))
```

Mit diesen Maßen können - ausgehend vom Schwerpunkt S - die Punkte 1 bis 12 eines Querschnittes berechnet werden, Punkt P1 beispielsweise mit

```
(setq p1 (list (car s) (+ (cadr s) (/ b 2.0)) (+ (caddr s) (/ h 2.0)))).
```

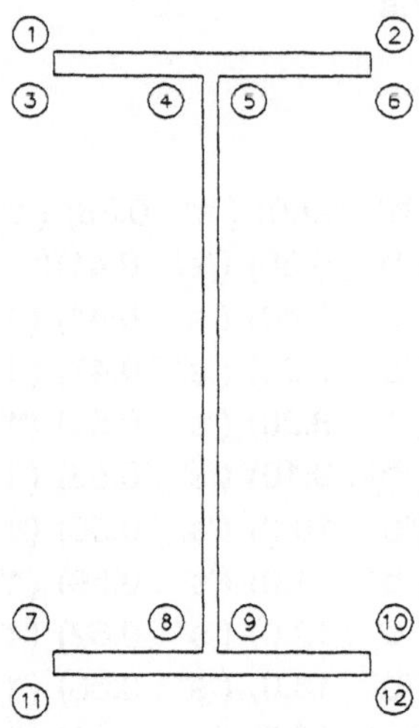

Bild 7.5. Die Eckpunkte eines IPE-Profils

Um die Trägerlänge verschoben ergeben sie die zweite Stirnfäche. Der Träger wird dann aus 3D-Flächen zwischen den Punkten aufgebaut und ist damit als dreidimensionales Objekt in AutoCAD konstruiert.

Auch für die standardisierten Verbindungen wird eine Datenbank mit ihren geometrischen Maßen aufgestellt, so daß nur noch die variablen Werte abgefragt werden müssen und über die Tastatur oder durch Zeigen eingegeben werden können.

Mit geringem Arbeitsaufwand läßt sich so ein dreidimensionales Modell eines Tragwerks im Rechner aufbauen. Aus diesem Modell können dann die erforderlichen Schnitte und Ansichten erzeugt werden.

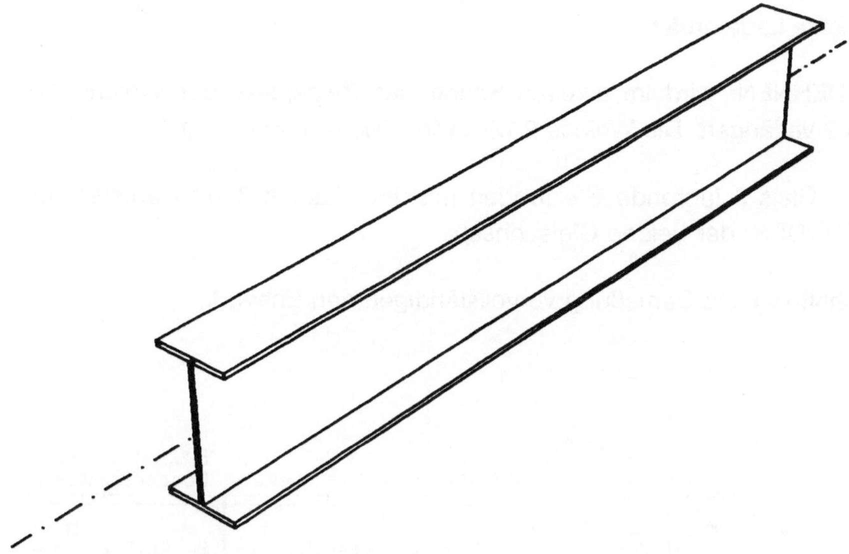

Bild 7.6: Dreidimensionales Modell eines Trägers

7.2.3. Automatisierung mit Zeichnungsmakros (Bahnbau)

Welche Vereinfachungen das Benutzen von Zeichnungsmakros in der Bearbeitung eines Gleisplan-Entwurfes mit sich bringen kann, soll am Beispiel einer Gleisverbindung gezeigt werden. Die Weichen der Deutschen Bundesbahn sind mit ihren Konstruktionsmaßen in der Entwurfsvorschrift DS 800/1 [11] festgelegt. Um dem Entwurfsbearbeiter den Überblick zu vereinfachen, wurden sie zusammen mit weiteren wichtigen Planzeichen auf einem Tablettmenü dargestellt, wo sie durch Anklicken ihres Symbols abgerufen werden können. Die Abbildung zeigt einen Ausschnitt daraus.

Um eine Verbindung zwischen den drei parallelen Gleisen zu konstruieren wird zunächst die Weiche 1 in Gleis 1 eingefügt. Dazu genügt es, das Weichensymbol auf dem Tablett anzuklicken und als Einfügepunkt mit "NAE" den gewünschten Punkt auf der Achse von Gleis 1 zu bestimmen. Der Dreh-

---

11)Deutsche Bundesbahn 1980

winkel kann ebenfalls mit "NAE" so gewählt werden, daß die Weiche die gewünschte Lage erhält.

Mit "DEHNEN" wird im zweiten Schritt das Zweiggleis der Weiche bis zu Gleis 2 verlängert. Die Weiche 2 wird wie Weiche 1 eingefügt.

Der in Gleis 3 führende Gleisbogen mit dem Radius 300 m entsteht durch "ABRUNDEN" der beiden Gleisachsen.

Beschriftung und Bemaßung vervollständigen den Entwurf.

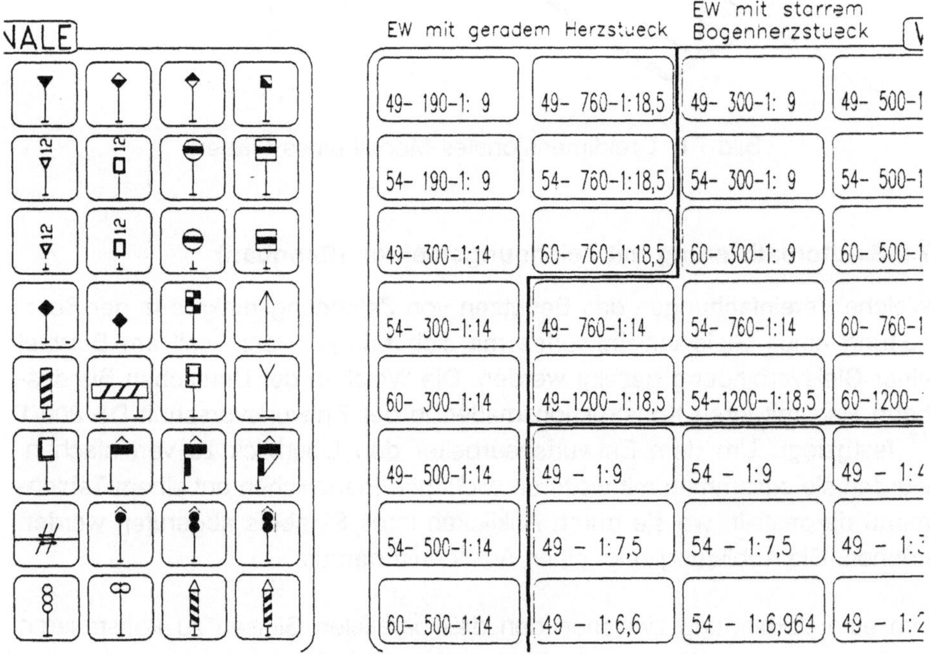

Bild 7.7: Ausschnitt aus Menü "Schiene"

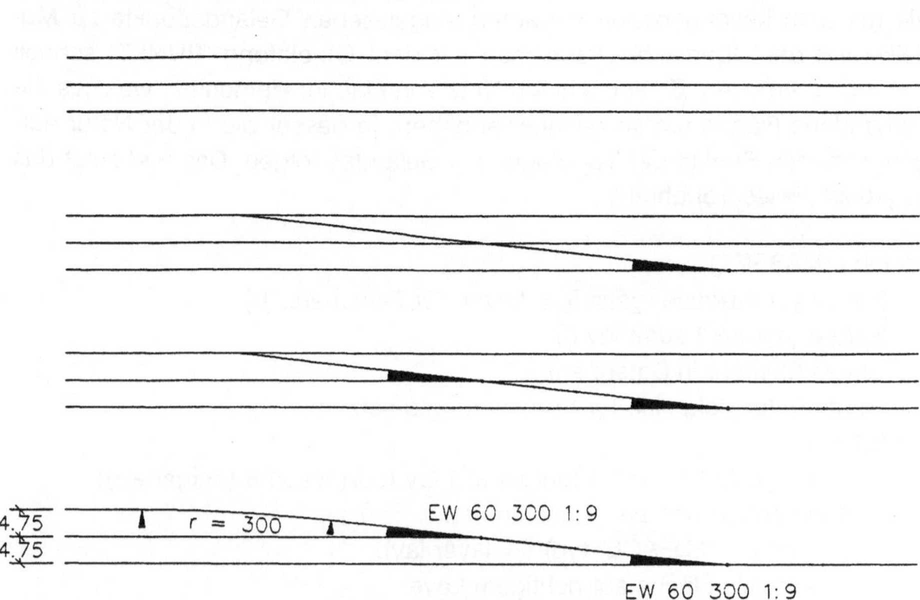

Bild 7.8: Weichenkonstruktion

7.3. Datengewinnung aus CAD-Entwürfen

7.3.1. Massenermittlung nach Prismenmethode

Am Beispiel der Massenermittlung aus einer Rostaufnahme läßt sich zeigen, welche Verfahren angewandt werden können, um auf die Daten zuzugreifen, welche AutoCAD in seiner Geometriedatenbank gespeichert hält.

Die Massenermittlung nach der Prismenmethode zerlegt das zu bestimmende Volumen in Prismen mit einer Grundfläche aus unregelmäßigen Vierekken. Diese Grundfläche kann aus den Koordinaten der Eckpunkte nach der Gaußschen Trapezformel berechnet werden. Multipliziert man die Grundfläche mit der mittleren Höhe, erhält man eine gute Näherung für das Volumen des Prismas.

Um dieses Verfahren in AutoCAD zu realisieren, zerlegt man die Oberfläche des zu bestimmenden Volumens in ein Raster aus viereckigen 3D-Flächen. Diese 3D-Flächen legt man zweckmäßig auf ein eigenes Layer. Benutzt man die mit dem beschriebenen Verfahren eingelesenen Geländepunkte zu Modellierung der Oberfläche, kann man mit dem Objektfang "PUNKT" schnell und sicher arbeiten. Es entsteht ein Netz von Flächenelementen, welches die vorhandene Fläche um so genauer annähert, je besser die in der Natur aufgenommenen Punkte der Topologie des Geländes folgen. Das Bild zeigt das Ergebnis dieses Verfahrens.

```
(defun c:MASSE ()
    (setq layer (strcase (getstring "Layer der Flaechen: ")))
    (setq e (entnext) summev 0)
    ;erstes Element in Datenbank
    ;Summe der Volumina für Summierung 0 setzen
    (while e
        (setq typ (cdr(assoc 0 (entget e))) lay (cdr(assoc 8 (entget e))))
        ;Elementtyp und Layer bestimmen
        (if (and (= "3DFACE" typ) (= layer lay))
        ; wenn 3D-.Fläche auf richtigem Layer
            (progn
                (setq p1 (cdr (assoc 10 (entget e))))
                (setq p2 (cdr (assoc 11 (entget e))))
```

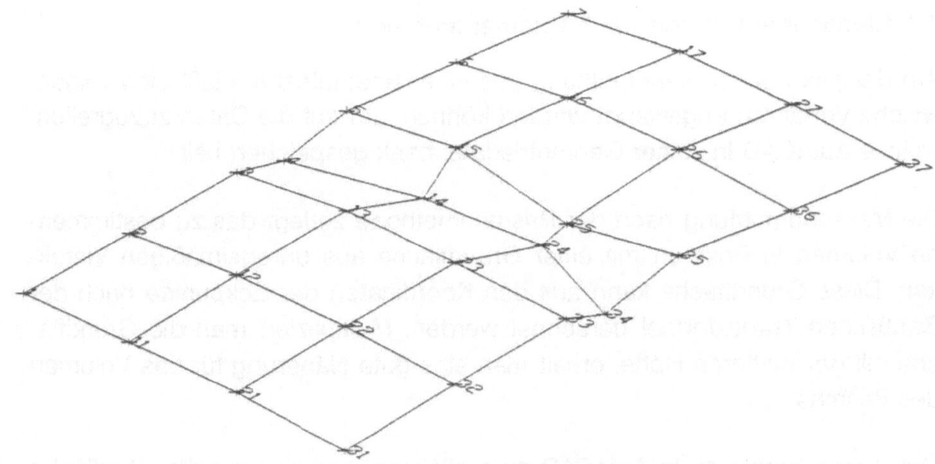

Bild 7.9: Flächenmodellierung mit 3D-Flächen

```
                    (setq p3 (cdr (assoc 12 (entget e))))
                    (setq p4 (cdr (assoc 13 (entget e))))
                    (setq a (+ (* (- (car p1) (car p2)) (+ (cadr p1) (cadr p2)))
                         (* (- (car p2) (car p3)) (+ (cadr p2) (cadr p3)))
                         (* (- (car p3) (car p4)) (+ (cadr p3) (cadr p4)))
                         (* (- (car p4) (car p1)) (+ (cadr p4) (cadr p1)))
                    ))
                (setq a (/ (abs a) 2))
                ; Gaußsche Trapezformel
                (if (equal p3 p4)
                    (setq h (/ (+ (caddr p1) (caddr p2) (caddr p3)) 3))
                    (setq h (/ (+ (caddr p1) (caddr p2) (caddr p3) (caddr p4)) 4))
                )
                ; mittlere Höhe
                (setq summev (+ summev (* a h)))
                ; Volumina der Teilprismen aufsummieren
                ))
                (setq e (entnext e))
                ;nächstes Element in der Geometriedatenbank
            )
        (print summev))
        ;Ausgabe des Volumens, wenn alle Elemente untersucht
)
```

Für das Beispiel berechnet dieses LISP-Programm ein Volumen von 87 625,3 m^3.

Durch Differenzbildung zwischen verschiedenen in AutoCAD konstruierten Geländehorizonten kann leicht das Abtrags- oder Auftragsvolumen berechnet werden.

7.4. Zeichnungsverwaltung

Ist die Arbeit mit dem CAD-System richtig organisiert, sammeln sich im Laufe der Arbeit große Datenbestände an Zeichnungen an. In die erstellten Zeichnungs- und Befehlsmakros fließt das Know-How der Entwurfsbearbeiter ein.

Schon sehr schnell stellt sich das Problem, daß man nicht mehr alle Zeichnungen auf der Festplatte präsent halten kann und Zeichnungen wie auch
Makros auf externe Datenträger, Disketten oder Magnetbandkassetten ausla-
gern muß. Diese Bestände behalten weiterhin ihren Wert dadurch , daß sich
beispielsweise einmal digitalisierte Pläne immer wieder verwenden lassen,
oder neue Entwürfe sehr rationell durch Zusammensetzen entsprechender
Bausteine erstellt werden können. Hierfür müssen alle mit CAD erstellten
Pläne archiviert werden.

Soll dies im meist herrschenden Zeitdruck nicht auf später verschoben oder
gelegentlich auch ganz unterlassen werden, kann man diese lästige Aufgabe
dem Rechner übertragen. Teilweise sind in die auf dem Markt angebotenen
Systeme Archivfunktionen integriert, bei AutoCAD muß diese Aufgabe ein
Zusatzprogramm übernehmen. [12]

Alle AutoCAD-Funktionen, die Zeichnungsinformationen auf die Festplatte
schreiben, wie "ENDE", "SICHERN","QUIT" und "WBLOCK", sind so zu modi-
fizieren, daß alle Informationen, welche für eine Archivierung wichtig sind, in
eine Textdatei mit dem Zeichnungsnamen und der Endung ".LIS" geschrieben. Dies sind:

> Zeichnungsname ,
> Unterverzeichnis, in dem die Zeichnungsdatei gespeichert ist,
> Erstellungsdatum,
> Erstellername,
> Datum der letzten Bearbeitung,
> Bearbeiter,
> Projektnummer und
> Stichworte zur Beschreibung des Zeichnungsinhalts

Diese Modifikation läßt sich mit Hilfe von AutoLISP so programmieren, daß
man zunächst die Originalbefehle wie "ENDE" löscht, was mit der Funktion

> (command "bfloesch" "ende") geschieht,

---

12) Schröder 1989

und anschließend den Befehl "ENDE" als C:ENDE neu programmiert. Vor dem Programmende werden die Archivierungsprogramme ausgeführt. Die Variablen "Zeichnung" und "Projekt" werden neu initialisiert, da sie im Laufe der Zeichnungsbearbeitung durch Anwenden der Befehle SICHERN bzw. WBLOCK belegt worden sein könnten. Die Steuerung von AutoCAD erfolgt über die Scriptdatei "ACSCREND.SCR", die die Befehle enthält, welche zum Beenden von AutoCAD nötig sind:

    .ende
    0.

Da der Befehl SCRIPT zum Ausführen einer solchen Befehlsdatei in seinem Originalzustand nicht programmierbar ist, wird er zuvor mit dem Befehl "BFLOESCH" modifiziert.

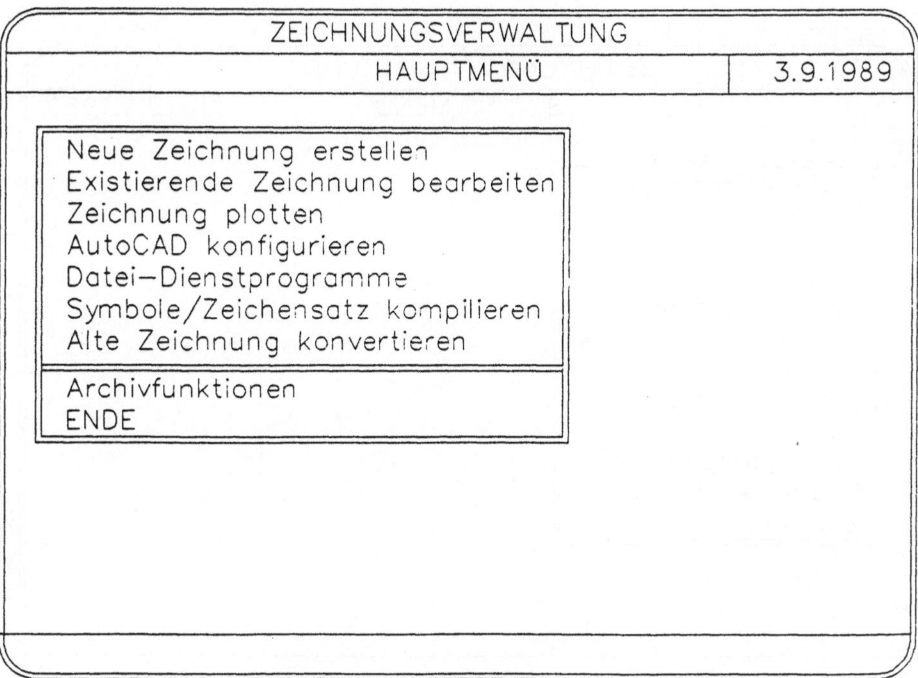

Bild 7.10: Das Zeichnungsverwaltungsprogramm

```
(defun C:ENDE ()
   (setq Zeichnung (getvar "DWGNAME"))
   (setq Projekt "")
   (C:Run)   ;Aufruf der Archivierungsprogramme
   (command "BFLOESCH" "SCRIPT")
   (command ".SCRIPT" "ACSCREND")
   (princ)
)
```

So wird sichergestellt, daß alle Änderungen an einer Zeichnungsdatei automatisch in der entsprechenden Datei mit der Endung ".LIS" protokolliert werden.

Die Verwaltung der Zeichnungsdaten muß von einem externen Programm, übernommen werden, welches entweder in einer Datenbank-Sprache oder der bekannten höheren Programmiersprachen geschrieben sein kann. Als

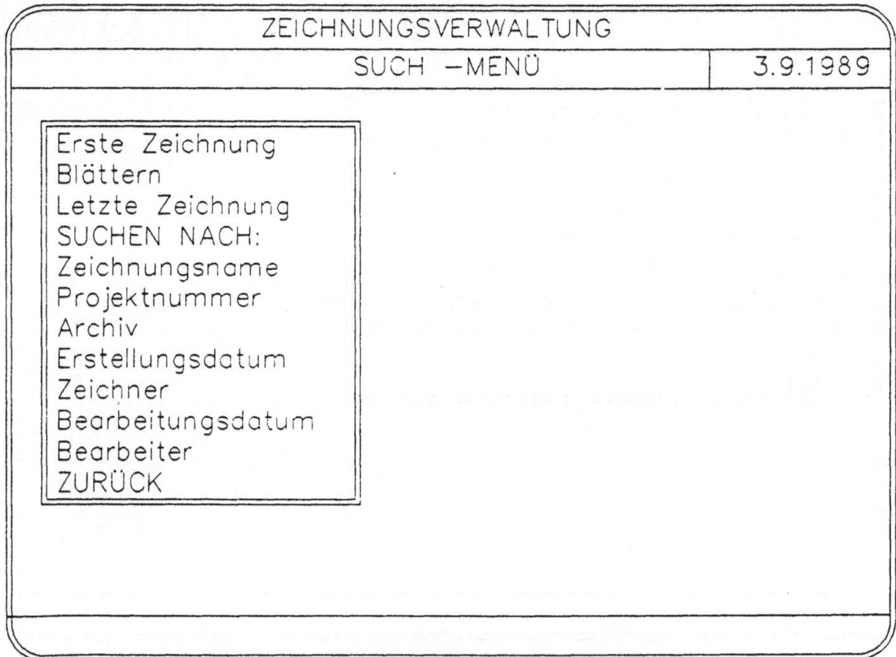

Bild 7.11: Das Such-Menü

Rahmenprogramm übernimmt dieses auch den Aufruf von AutoCAD. So kann der Benutzer zunächst mit dem Archivierungsprogramm eine bestimmte Zeichnung suchen und sie auch gleich mit AutoCAD bearbeiten.

Das Archivierungsprogramm hat folgende Aufgaben zu erfüllen:

- Suchen von Zeichnungsinformationen,
- Sortieren von Zeichnungsinformationen,
- Drucken der Zeichnungsinformationen
- Kopieren von Zeichnungen,
- Löschen nicht mehr benötigter Zeichnungen und
- Archivieren von Zeichnungen

```
                    ZEICHNUNGSVERWALTUNG
              ARCHIV  —  MENU              3.9.1989

    ┌─────────────────────────────┐
    │ Zeichnungsname              │
    │ Projektnummer               │
    │ Erstellt am:                │
    │ Erstellt von:               │
    │ Bearbeitet am:              │
    │ Bearbeitet von:             │
    │ ZURUECK                     │
    └─────────────────────────────┘
```

Bild 7.12: Das Archivierungsmenü

Der Programmteil für die Zeichnungsarchivierung schreibt Zeichnungs- und Informationsdateien auf Archivdisketten oder eine Magnetbandkasette und löscht sie auf der Festplatte. So entsteht auf der Festplatte wieder freier Raum für neue Projekte. Die Informationen über die Zeichnung gehen hierbei nicht verloren, die archivierte Zeichnung bleibt dem CAD-System bekannt, sie kann mit den Funktionen des Archivierungsprogramms weiterhin gesucht werden. Mit dem Zeichnungsnamen nennt das Archivierungsprogramm dabei auch den Namen der Archivdiskette, auf welche die gesuchte Zeichnung ausgelagert wurde.

Da man beim Archivieren Auswahlkriterien angeben kann, ist es möglich, gezielt bestimmte Zeichnungen auszuwählen. So kann man beispielsweise in einem Arbeitsgang alle Zeichnungen archivieren, die vor einem bestimmten Datum zum letzten Mal bearbeitet wurden und so ein ARCHIV chronologisch aufbauen. Auch eine Archivierung nach Projekten ist über die Projektnummer zu realisieren.

8. Literaturverzeichnis

Abel 1989
Abel, J. und Brede, M.
in: Beratende Ingenieure 1/2 1989
Wie sinnvoll ist CAD im Ingenieurbüro? Erste Ergebnisse einer Umfrage.

Ackermann 1983
Ackermann K.
Grundlagen für das Entwerfen und Konstruieren
Stuttgart 1983

DASt 1979
Deutscher Ausschuß für Stahlbau
Stahlbau-Ringbuch: Typisierte Verbindungen im Stahlhochbau
Köln 1979

Deutsche Bundesbahn 1984
Deutsche Bundesbahn
Vorschrift für das Entwerfen von Bahnanlagen, DS 800/1
Allgemeine Entwurfsgrundlagen
Karlsruhe 1984

DIN 1356 1981
DIN 1356 (8/81)
Bauzeichnungen; Grundlagen und Begriffe

DIN 1356 1980
DIN 1356 Teil 10 (5/80)
Bauzeichnungen; Bewehrungszeichnungen

DIN 18000 1984
DIN 18000 (5/84)
Modulordnung im Bauwesen

DIN 66003 1974
DIN 66003 (6/74)
Informationsverarbeitung; 7-bit-Code

Engelbertz 1989
Engelbertz, M.
Datenerfassung für AutoCAD mit photogrammetrischer Einbildauswertung
Diplomarbeit Fachhochschule Lippe, FB Bauingenieurwesen 1989

Gelhaus 1980
Gelhaus R.
in Wetzell: EDV-Handbuch für Bauingenieure Band 3
Vermessung
Düsseldorf 1980

Gero 1988
Gero, J. S. (Hrsg.)
Artificial intelligence in engineering Design
Amsterdam 1988

Häßler 1984
Häßler, J. und Wachsmuth, H.
Formelsammlung für den Vermessungsberuf
Korbach 1984

Jones 1988
Jones, F. H. und Martin, L.
AutoCAD 2.6 organisiert - Techniken professioneller CAD - Datenbankverwaltung
München 1988

Köhler 1986
Köhler J.
Der Standardsatz "Einzelpunkte und Linien" - eine bundeseinheitliche Schnittstelle im Straßenbau zur Erfassung und Verarbeitung geodätischer Strukturdaten
Technologietransfer Fachhochschule Holzminden 1986

Landschaftsverband Westfalen-Lippe 1981
Landschaftsverband Westfalen-Lippe
Datenzentrale
Benutzer-Handbuch - Allgemeine Achsberechnung
Münster 1981

Matthews 1986
Matthews, V.
Bahnbau
Stuttgart 1986

Richter 1989
Richter, R.
Einfache Architekturphotogrammetrie
Eine Alternative mit projektiver Transformation, überschaubaren Rechentechniken und zugänglichen Hilfsmitteln
Detmold 1989

Rinner 1972
in: Jordan, Eggert, Kneissl
Handbuch der Vermessungskunde, Band IIIa, Photogrammetrie
Stuttgart 1972

Rudolph 1988
Rudolph, D.
AutoLISP - Die Programmiersprache in AutoCAD
München 1988

Rusam 1984
Rusam M.
HOAI Praxis bei Ingenieuleistungen. Anleitung zur Anwendung der Honorarordnung für Ingenieure
Wiesbaden 1986

Schmitter 1987
Schmitter, E. D.
Praktische Einführung in LISP
Holzkirchen 1987

Schröder 1989
Schröder, M.
Daten- und Zeichnungsorganisation für CAD
Diplomarbeit Fachhochschule Lippe, FB Bauingenieurwesen 1989

Trautwein 1985
Trautwein, M.
in: Wetzell, Basic-Programme aus dem Bauwesen für Microcomputer
Programmsystem zur Berechnung der horizontalen Achse einer Straße
Düsseldorf 1985

Wendehorst 1989
Wetzell, O.W. (Hrsg.)
Wendehorst/Muth
Bautechnische Zahlentafeln
24. Aufl. Stuttgart 1989

Stichwortverzeichnis